담수생물's 노트

담수생물's 노트

1판 1쇄 인쇄 | 2013년 9월 7일
1판 1쇄 발행 | 2013년 9월 14일

지은이 | 박종현(pso164@naver.com)
감　수 | 김명철
그　림 | 여혜진
주　간 | 정재승
교　정 | 홍영숙
디자인 | 배경태
펴낸이 | 배규호
펴낸곳 | 책미래

출판등록 | 제2010-000289호
주　소 | 서울시 마포구 공덕동 463 현대하이엘 1728호
전　화 | 02-3471-8080
팩　스 | 02-6353-2383
이메일 | liveblue@hanmail.net

ISBN 979-11-85134-03-1　03400

국립중앙도서관 출판시도서목록(CIP)

담수생물's 노트 = Limnobios's note : 생물학연구정보센터(BRIC) 물방울의 물생활 이야기 / 지은이: 박종현. -- 서울 : 책미래, 2013
p. ; cm

감수: 김명철
ISBN 979-11-85134-03-1 03400 : ₩14000

담수 생물[淡水生物]

477.5-KDC5
578.76-DDC21　　CIP2013017325

담수 생물's 노트

limnobios's note

박종현 지음 | 김명철 감수

책미래

들어가기 전에

우리 가족은 친척들과 함께 여행 다니는 것을 좋아해서 우리나라의 유명한 해수욕장, 삼림욕장, 계곡까지 안 가본 곳이 없었습니다. 제가 여행을 다니면서 사촌동생들과 달랐던 점이 있었다고 하는데, 그것은 사촌동생들이 게임기를 가지고 놀거나 물놀이를 할 때, 저는 계곡에서 생물들을 잡고 놀았다고 합니다. 어릴 때부터 자연에 서식하는 생물을 유난히 좋아했던 저는, 유치원에 다닐 때에는 직접 잡았던 민물고기들을 집에 가져가지 못해 펑펑 울었던 기억이 아직도 남아있습니다.

중학생이 된 후에는 가정형편이 어려워지면서 여행갈 일이 줄어들기 시작했습니다. 성격도 소극적이어서 친구들과 잘 어울리지 못했고, 항상 혼자였기 때문에 학교생활도 점점 힘들어져 갔습니다. 이때 벗이 되어준 것은 다름 아닌 '자연'이었습니다. 저는 주말 이나 시간이 되면 부모님 몰래 혼자 산이나 계곡을 돌아다니면서 가만히 앉아 경치를 구경하며, 사진을 찍고, 계곡에서는 생물들도 잡으면서 보냈습니다.

이런 시간을 보내면서 자연에 대한 애착은 점점 강해져 강이나 하천, 계곡 등에 서식하는 생물들에게 큰 관심을 가지게 되었습니다. 육상에 서식하는 생물들에 비해 종수도 다양하고, 서식지가 좁은 것에 비해 생물들의 수는 많았기 때문입니다. 그래서 하천이나 계곡이 보이면, 무작정 달려가서 돌부터 들춰서 서식하는 생물들을 관찰해보는 재미있는 습관도 생겼습니다.

저는 점점 이 분야에 빠져들게 되었고, 도서관에서 담수에 서식하는 생물과 관련된 책들도 대출해서 읽기 시작했습니다. 책을 통해 담수생물들에 대한 공부를 하면서 꾸준히 혼자서 하천, 계곡 여행도 빼먹지 않고 다니게 되었고, 여행을 통해 많은 사람들을 만나면서 사귀는 것의 즐거움을 알게 되자 사교성도 좋아졌습니다.

그래서 운영하게 된 것이 네이버 카페 '녹원담'입니다. 생명에게는 가장 중요한 물질이자 생물들의 서식처이기도 한 '물'의 근원을 의미하는 '물방울'이라는 닉네임으로 활동했습니다. 생물, 그중에서도 강이나 하천 등 물에 사는 생물들을 제일 좋아하는 제게는 정말 딱 맞는 이름이었습니다. 녹원담 카페에는 민물고기, 열대어, 갑각류, 양서파충류 등을 키우거나 관심이 많은 분들이 가입했기 때문에 꾸준히 친분교류를 해 나갈 수 있었습니다. 녹원담 카페의 운영은 제 주변에 저랑 비슷한 취미를 가진 친구들이 없다는 안타까움을 대신해주었습니다. 카페 회원 분들과 함께 하천이나 계곡도 자주 가게 되었고, 여행을 통해 생물들을 채집한 후기 등은 카페나 블로그에 올렸습니다.

하지만 제가 카페나 블로그에 후기를 올리고 후기를 올린 곳을 다시 가 봤을 때에, 정말 황당하기 그지없었던 일도 가끔 있었습니다. 제가 올린 글을 보고 많은 분들이 방문해서였는지, 그 많던 민물고기나 새우들이 더 이상 발견되지 않았습니다. 그때 저는 사람들이 저지르는 작은 만행들이 자연에 얼마나 큰 해를 끼치는지를 깨달았습니다. 한편으로는 종수도 다양하고 수도 많던 담수의 생물들이 사람들 때문에 사라져가고 있다는 것이 안타깝고, 또 사람들이 특정 담수생물들을 잘못된 시각으로 바라보고 있다는 사실도 알게 되었습니다.

저는 고등학교 2학년이 되었을 때, 강, 하천, 여울 등 담수에 서식하는 생물들에 대한 책을 집필하기 시작했습니다. 이화여대 에코과학부의 최재천 교수님은 '알면 사랑한다'라는 말을 하셨는데, 저도 담수생물들에 대한 정보를 책을 통해 대중들에게 전달한다면 담수생물들을 보호하려는 분들이 많아지고, 잘못된 시선들도 고쳐질 거라 생각했습니다.

전 대학생이 되었을 때 책을 출간하는 것을 목표로 삼고 수험생활을 하면서도 시간을 내서 꾸준히 써 나갔습니다.

그런데 대학 입시에서 실패를 하여 재수를 하게 되었고, 그동안 써 왔던 책의 출간을 1년 이상 미뤄야 할지에 대한 고민을 하게 되었는데, 원고는 거의 완성된 상태였고 1년이라는 시간 동안 써 온 원고를 묵혀 두기엔 시간이 너무 아깝다는 생각이 들어서, 비록 재수생이지만 책을 출간하기로 결심했습니다. 이렇게 결심을 하자 이번엔 또 다른 걱정이 생겼습니다. '과연 내가 쓴 글이 출판할 만한 가치가 있기는 한 건가?'라는 생각이 들면서 갑자기 두려워졌습니다. 아직 생명과학이나 생태학을 전문적으로 배운 것도 아니라서, 제가 동정위원으로 활동하고 있는 포항공과대학교의 BRIC(생물학연구정보센터)에 '물방울의 담수생물 이야기'라는 칼럼의 연재를 시작했습니다. 담수(민물)에 서식하는 생물들에 대한 칼럼으로, 담수생물들에 대해 얼마나 많은 지식을 가지고 있는지, 책을 출간할 만한 역량은 있는지, 실험해 보기 위해서였습니다. 연재한 칼럼들의 조회수가 1,000을 돌파하고 많은 인기를 끌면서 저의 걱정은 금방 사라졌고, 얼마 시간이 지나지 않아 출판사와 연락이 닿아서 책을 출간하게 되었습니다.

저는 재수생으로서 열심히 공부하고는 있지만, 담수생물들에 대한 애착은 지금도 놓지 못한 것 같습니다. 생물교양서를 내는 저자로서는 드물게 학위조차도 따지 못한 초짜지만, 담수생물 분야만큼은 BRIC(생물학연구정보센터)에 칼럼도 쓰고, 책까지 내게 되었습니다. 이렇게 생물학 초짜도 담수에 서식하는 생물에 푹 빠져 있으니, 이 책을 읽을 독자 분들에게도 충분히 재미있고, 매력 있게 다가올 수 있을 거라고 생각합니다. 곧 생물학을 배우게 될 학생인 필자의 입장에서, 독자 분들이 이 책을 읽으면서 '와~ 이런 생물들이 있었구나!' 계곡에 놀러 갔을 때 '아~ 나 이 생물들을 책에서 본 적이 있어.'라는 말을 하신다면, 그것만으로 책의 의미는 충분하다고 생각됩니다.

앞으로도 저는 담수생태학자이자 과학 커뮤니케이터로서 계속 책을 쓸 예정입니다. 지금은 담수생물에만 빠져 있는 학생이지만, 생태학뿐 아니라 생명공학, 화학 등의 학문들도 더 많이 공부하여 과학을 바라보는 폭을 넓히기 위해서도 많이 노력하려고 합니다. 현재 저의 프로필은 아무런 학위도 경험도 없어 평범하지만, 미래에 집필하게 될 책들은 생명과학 학위자로서, 석사로서, 저명한 과학 커뮤니케이터이자 담수생태학자로서 독자 분들을 만나 뵙게 될 것을 약속합니다.

이 책을 집필하기까지 정말 많은 분들이 도움을 주셨습니다. 무엇보다 책에 들어갈 사진이 부족해서 어려움을 겪을 때 사진을 제공해 주신 분들 중, 네이버에서 '마파람의 블로그'를 운영하시는 마파람님, '수서곤충 완전정복'을 운영하시는 엔젤(정중민)님, 그리고 만천곤충박물관에게 감사를 드립니다. 고등학교 2학년 때 집필을 시작한다고 했을 때 전폭적인 지지를 보내 주신 녹원담 카페 회원 분들, 그리고 이 책의 감수를 흔쾌히 맡아주신 'SOKN생태연구소'의 김명철 소장님께도 감사의 인사를 드립니다. 그리고 제가 재수를 하게 되어 괴로워할 때 심적으로 도움과 조언을 해주고, 책을 출간한다고 했을 때 자기 일처럼 기뻐하며 축하해줬던 친구들에게도 고맙다는 말을 하고 싶습니다. 또, 칼럼을 연재할 수 있도록 도와주신 BRIC의 운영진님들과 칼럼을 사랑해주셨던 독자 분들께도 감사드립니다. 마지막으로, 입시 때문에 시간이 부족한데도 불구하고 책의 재미와 친근감이 느껴지도록 일러스트를 넣어 준 후배 혜진이에게도 고맙다는 말을 전합니다.

8월의 어느 날

박종현(물방울)

CONTENTS

들어가기 전 7

1장 외국의 민물고기

01. 피라냐보다 칸디루가 더 무서워! 16

02. 동족과 평생 싸우는 물고기 베타 24

03. 아프리카 3대 호수의 시클리드들 33

04. 태고의 모습을 간직한 고대어들 47

05. 닥터피시 가라루파와 친친어 58

2장 한국의 민물고기

06. 민물조개에 알을 낳는 민물고기 66

07. 외래어종 대결!
배스, 블루길 vs 가물치, 잉어 74

08. 흡혈 물고기 칠성장어와
눈 없는 물고기 다묵장어 83

09. 우리나라의 북방계 민물고기들 91

10. 논생태계의 지배자 미꾸라지와 드렁허리 102

3장 양서 · 파충류

11. 무시무시한 포식자 붉은귀거북과 황소개구리 110

12. 친근감 넘치는 개구리 가족들 117

13. 같은 도롱뇽 다른 느낌 도롱뇽과 우파루파 128
14. 물속 사나운 맹수 악어 136

4장 수서곤충

15. 노숙자 날도래, 하늘을 나는 날도래로 146
16. 솟다리 수영선수 물방개 154
17. 물속에서 1~2년을 사는(?) 하루살이 162
18. 물 위를 걷는 소금쟁이 169
19. 해충처리 전문가 잠자리 176
20. 물속의 무법자 게아재비와 장구애비 185
21. 빙글빙글 도는 곤충 물맴이 193

5장 그 외 생물들

22. 양날의 칼 부레옥잠과 개구리밥 200
23. 잘라도 사는 생물 플라나리아 208
24. 물에 사는 포유류 수달 216
25. 다슬기와 우렁이 그리고 기생충 225
26. 최다 생존방법 보유자 물벼룩 233
27. 물 위에서 생활하는 새 오리 241
28. 동물의 피를 먹으며 사는 거머리 251
29. 뇌신경을 조종하는 기생충 연가시 260

1장

외국의 민물고기

01 피라냐보다 칸디루가 더 무서워!

특정 동물의 특성을 과장한 영화

영화 '죠스'나 '피라냐'를 본 적이 있으신가요? 보신 분은 아시겠지만, 상어와 피라냐 모두 인간에게 매우 위험한 동물로 등장합니다. 하지만 상어와 피라냐는 인간에게 위험한 동물이 아닙니다. 피라냐 때문에 죽은 사람은 거의 보고되지도 않고, 상어 때문에 죽는 사람은 1년에 100명 정도입니다.

피라냐는 단지 다소 사나운 육식 물고기일 뿐입니다.
진짜로 무서운 놈은 따로 있다구요!

몇 년 전, 영화 『피라냐』의 포스터를 보고, 피라냐가 실제 모습과는 완전히 다르게 끔찍한 괴물로 묘사되어 있는 모습을 보고 깜짝 놀랐습니다. 그때는 피라냐 성격이 사나운 편이라는 것은 잘 알고 있었지만, 그래도 피라냐가 왜 끔찍한 괴물로 묘사되었는지 호기심으로 영화를 보게 되었고, 영화에 나오는 피라냐가 200만 년 전 멸종한 가상의 피라냐라는 사실을 알게 되었습니다.

하지만 저는 다른 분들과는 다르게 영화 제목을 왜 피라냐라고 했는지에 대한 의문이 들었습니다. 피라냐보다 훨씬 난폭한 수생 생물들도 많이 있고, 피라냐는 성격이 다소 난폭할 뿐 사람을 잘 공격하지 않는다는 사실을 잘 알고 있었기에 이 영화는 제게 흥미 그 자체였습니다. 그리고 많은 분들이 '아마존강에서 수영하면 피라냐들이 습격해서 뼈만 남는다.'와 같은 얘기로 피라냐에 대해 잘못 생각하고 있다는 것을 알게 되었습니다. 실제로 제가 주변 분들께 나중에 아마존의 생물들을 연구하러 가고 싶다고 했을 때

"왜? 너무 위험하지 않니? 피라냐에게 잡혀 먹히고 싶어?"

라는 말을 자주 듣기도 했으니 말입니다.

이 영화가 나오기 전에도 피라냐는 많은 사람들에게 무서운 식인 물고기로 유명했기 때문에, 더욱 긴장감 넘치는 전개를 위해 무서운 식인 물고기들을 200만 년 전의 피라냐로 설정한 것으로 보입니다. 이 책을 읽는 대부분의 독자 분들도 피라냐가 무서운 식인 물고기라고 생각하겠지만 아래의 통계를 보면 생각이 달라질 겁니다.

- 매년 피라냐에 물려죽는 사람 0~1명
- 매년 상어에 물려죽는 사람 100명
- 매년 악어에 물려죽는 사람 700명
- 매년 호랑이, 사자, 표범에 의해 죽는 사람 800명
- 매년 교통사고로 죽는 사람 1,200,000명
- 매년 말라리아로 죽는 사람 2,000,000명

통계를 보면 피라냐에 의해 물려죽은 일은 가끔 보고되기는 하지만 한 해에 한 명도 없거나, 어쩌다 한 명 정도가 나올 뿐입니다. 그래서 어떤 전문가는 '피라냐는 단지 이빨만 있는 평범한 육식 물고기'라는 말을 한 적도 있습니다.

피라냐는 그렇게 위험한 물고기가 아니기 때문에 아마존 원주민들은 피라냐가 사는 강에서 수영이나 헤엄을 즐기기도 하고, 고기잡이를 한다고 합니다. 고기잡이의 대상에도 피라냐는 포함되는데, 아마존 원주민들에게는 피라냐 구이가 아주 맛있는 요리로 잘 알려져 있습니다.

그리고 어떤 나라에서는 피라냐에 대한 공포심이 반영되어 piranha(피라냐)라는 이름의 전차를 개발하기도 했습니다. 실제 전쟁에서 적군에게 얼마나 큰 공포감을 심어줄 수 있을지는 잘 모르겠지만, 전쟁무기의 이름으로 사용될 정도로 피라냐는 전 세계의 사람들에게 식인 물고기라는 나쁜 인식이 심어져 있다는 사실을 알 수 있습니다.

이러한 인식은 피라냐가 서식하는 아마존 외 지역에서만 퍼져있을 뿐이고, 아마존 원주민들은 피라냐를 무서워하지 않습니다. 원주민들은 피라냐보다는 악어나 독침가오리, 칸디루 같은 동물들을 무서워합니다. 그 중에 칸디루는 사람 몸속에 들어가 피와 살을 뜯어먹는 무서운 물고기로 잘 알려져 있습니다.

칸디루는 미꾸라지와 비슷한 모양과 크기를 가진 물고기로 특이하게도 암모니아를 쫓는데 암모니아가 나오는 구멍을 찾아내 구멍 속으로 들어가려는 독특한 습성을 가지고 있습니다. 암모니아는 노폐물로 배출되는 오줌에 포함된 독성물질이고, 물고기는 아가미에서 배설됩니다. 그래서 칸디루는 물고기의 아가미 위치를 알아내서 아가미를 통해 몸속으로 들어가, 피와 살을 뜯어 먹으며 숙주를 천천히 죽입니다. 사람들에게 칸

칸디루

피라냐 무리

디루는 '흡혈 메기'라는 별명으로 잘 알려져 있습니다.

아마존에 사는 원주민도 칸디루의 표적이 되는 경우가 있는데, 바로 강물에서 요도가 노출되었을 때입니다. 칸디루가 사람의 요도를 발견하면

요도를 통해 그대로 몸속으로 들어가 버리기 때문입니다. 그래서 원주민이 아마존강에 들어갔다가 요도를 통해 칸디루가 몸속으로 들어가 죽는 일이 꽤 있었습니다. 만약 칸디루가 사람 몸속으로 들어가 기생하게 되면, 피와 살을 뜯어 먹히게 되어 고통을 겪다가 죽을 수밖에 없었습니다. 칸디루가 물속에서 보이면 피할 수 있겠지만, 칸디루는 물속에서는 투명해서 잘 보이지도 않는다고 합니다.

그래도 다행인 것은, 최근에는 칸디루로 인한 사고가 거의 발생하고 있지 않는데다, 수술을 통해 칸디루를 제거할 수 있어서 칸디루 때문에 죽는 사람들은 거의 없다고 합니다. 그래도 칸디루가 워낙 위협적인 동물이다 보니 과거에는 아마존을 방문하는 외지인들 사이에서 '아마존강에다

피라냐 이빨

(물 밖에서) 오줌을 싸면 칸디루가 오줌을 타고 올라와 몸속으로 들어간다.'는 소문이 돌기도 했었습니다.

이처럼, 아마존에는 피라냐보다 사람들에게 더욱 큰 해를 가하는 생물들이 많이 있습니다. 그래도 피라냐가 이미 많은 사람들에게 무서운 물고기로 각인이 된 탓에, 피라냐와 관련된 사소한 사건들이 피라냐의 위험성을 더욱 부각시키고 있습니다. 2011년 브라질 피아위주에서 피라냐가 100여 명의 관광객들을 습격한 사건이 대표적인 예입니다. 이 일로 대부분 가벼운 부상이었지만, 우리나라 주요 포털 사이트에서는 피라냐가 실시간 검색어로 오르며, 영화에 나오던 일이 현실로 되는 것이 아니냐는 걱정를 하기도 했습니다.

저는 사람들을 공격하는 일이 거의 없었던 피라냐가 갑자기 관광객을 습격한 이유가 무엇인지

유튜브 동영상 QR
Horror story: Candiru: the Toothpick Fish - Weird Nature - BBC animals
칸디루가 물고기의 몸속과 사람 몸속에 들어가는 장면이 나옵니다.

피라냐보다 사나운 물고기 파쿠

아마존에 서식하는 무서운 생물들 중에서는 피라냐를 닮은 물고기 '파쿠'도 있습니다. 아마존강에 주로 서식하며, 자기보다 작은 물고기뿐 아니라 물에 떨어진 과일이나 견과류를 먹으며 사는 잡식성으로, 최대 80cm까지 자라는 거대한 물고기입니다. 파쿠는 이빨도 매우 튼튼하고 근육이 많아 피라냐보다 훨씬 위험한 어종입니다. 몇 년 전 파푸아뉴기니에서는 남성의 고환을 먹이로 착각한 파쿠가 튼튼한 이빨로 고환을 뜯어내 2명의 남성이 사망한 적도 있습니다.

기사를 읽어보았습니다. 그것은 최근 아마존 개발로 기후체계에 이상이 생기면서 홍수가 늘었고, 환경이 변화하고, 피라냐가 잡아먹는 물고기들을 포획하면서, 피라냐의 천적과 먹이가 줄어들어 피라냐의 수가 늘어남과 동시에, 먹이 부족을 겪게 되어 일어난 일이 지속되면서 피라냐의 먹이로써의 타깃이 사람으로 돌아가게 됐던 겁니다.

아무리 관광객들을 습격하여 상처를 입혔다고 해도, 피라냐는 절대로 무서운 물고기가 아니라 단지 '이빨만 있는 평범한 육식 물고기'라는 사실은 변하지 않습니다. 호랑이, 사자, 표범에 의해 죽는 사람이 많고 그 외 다른 육식동물들에 의해서 사람이 상처를 입는 일도 자주 발생합니다.

2011년에 발생한 관광객 습격 사건으로 피라냐에 대한 사람들의 인식은 더욱 나빠졌습니다. 관광객들에게 상처를 입혔다고 해서 공포의 대상으로 바라보는 것은 잘못된 시선으로, 이 일의 원인은 결국 사람들이 피라냐의 서식지인 아마존 열대림을 파괴하고, 먹이원을 잡아들이는 행위 때문이었다는 사실을 알아야 합니다.

아마존이 국토의 40%를 차지하는 브라질은 세계에서 가난한 사람들이 많은 국가로, 아마존을 개발하여 빈곤국에서 벗어나려 하고 있습니다. 아마존의 열대우림 나무를 벌채하고 판매해서 경제적 이익을 남기거나, 자원을 캐고, 사회기반시설을 지을 자리를 마련하기 위함이라는 겁니다. 우리나라를 보더라도 개발을 시작했던 70년대에 어떠한 이유로, 국토의 대부분을 개발하지 못하게 되어 지금의 높은 경제수준에 이르지 못했다고 생각해 보면, 브라질의 속사정을 충분히 이해하실 수 있을 거라 생각합니다. 그래서 아마존을 개발하고 있는 브라질 정부를 비난할 수는 없다는 것이 저의 개인적인 생각입니다.

자연은 당연히 보호해야 할 가치가 있지만, 요즘 같은 산업사회에서 경제적 이익이 무조건적으로 우선시되는 테두리 안에서 환경문제의 해결은 불가능할 것 같아 보입니다. 브라질 피아위주에서 피라냐가 갑작스럽게 관광객을 공격했을 때에도 브라질 정부는 아마존의 생태계를 걱정하기보다는, 앞으로 벌어질 관광객의 감소를 걱정했습니다.

빈곤으로부터 벗어나서 경제적인 성공을 이룩하려면 개발을 해야 하지만, 개발이 자연적 재앙으로 이어질 수밖에 없다는 사실이 너무 답답하고 안타깝습니다. 만약 이러한 문제들이 해결되지 못하고 지속적인 자연의 파괴와 개발이 일어난다면, 지금과는 비교할 수 없는 엄청난 손실이 사람들에게 가해진 후에야, 뒤늦게 자연을 보전하고 복구하는 시대가 도래하게 될 겁니다.

02 동족과 평생 싸우는 물고기 베타

사슴벌레의 싸움

사슴벌레는 투쟁본능이 강한 곤충으로, 우리나라에 서식하는 곤충 중에서도 힘이 강한 편에 속합니다. 그래서 동족이나 장수풍뎅이 같은 다른 곤충들과도 자주 싸움을 벌이는 것은 먹이를 독차지하고, 좋은 지역에 알을 낳기 위함입니다.

사슴벌레가 투쟁본능이 강하다고?
아무리 강해도, 베타보다는 강하지 않을걸!

동남아시아의 섬 지역이나 인도차이나반도에 주로 서식하는 어류 베타(betta)는 다른 동족을 보면 물불을 가리지 않고 공격해서, 베타를 키우는 관상어 애호가들 사이에서는 투어(鬪魚, 싸우는 물고기)라는 이름으로 가장 잘 알려져 있습니다.

만약 베타 수컷 두 마리를 같은 수조에 넣으면 순식간에 큰 싸움이 벌어지게 됩니다. 대부분의 어류들은 수컷끼리 싸움이 벌어질 때 둘 중 한 마리가 금방 도망가서 싸움이 끝나지만, 베타는 서로 지느러미를 뜯어가며, 한 마리가 죽을 때까지 싸움을 멈추지 않습니다. 다른 어류들이 아가미를 호흡에 이용할 때, 베타는 싸움을 위해 주로 이용할 정도입니다. 아가미를 양 옆으로 벌려 자신의 몸이 더욱 커보이게 하기 위함인데, 이러한 행동을 '플레어링'이라고 부릅니다.

수컷보다는 훨씬 덜하기는 하지만 암컷도 동족과 마주치면 큰 싸움을 벌입니다. 베타는 세계에서 유일하게 동족과 죽을 때까지 싸우는 어류로, 태국이나 캄보디아 아이들은 베타로 싸움을 붙이거나, 도박을 벌이기도 합니다. 그리고 태국이나 캄보디아 사람들은 베타싸움에서 우위를 점하기 위해 짧은 지느러미를 가지고 있으면서도, 턱 힘이 강한 개체를 개량하고 있을 정도라고 합니다.

베타끼리 마주치기만 하면 싸움을 벌이는 이유는 베타들의 서식지와 연관이 깊습니다. 베타는 유속이 느리고 얕게 고인 물이나 연못에 주로 서식하는데, 그만큼 서식할 수 있는 장소가 좁기 때문에 서로의 영역을 차지하기 위해 죽을 때까지 싸움을 벌이는 겁니다.

번식을 위해 베타들은 영유권이 한정되어 있기 때문에 서로 영유권을 차지하기 위해 싸우다 약한 개체는 목숨을 잃고, 강한 개체만이 살아남아 산란을 하게 됩니다. 살아남은 강한 생물만이 종족번식의 목표를 이뤄낼 수 있는 혹독한 자연생태계를 극적으로 잘 보여주고 있는 어류이기도 합니다.

베타의 몸이 얼마나 싸움하기 좋게 진화되었는지, 아가미마저도 퇴화되어 호흡으로는 거의 사용하지 않고 아가미를 벌려 싸움

베타의 플레어링과 목도리 도마뱀

베타가 플레어링을 하고 있는 모습을 보고 있으면, 목도리 도마뱀이 떠오릅니다. 베타가 동족을 보고 경계하며 아가미를 양 옆으로 벌리는 행동이나, 목도리 도마뱀이 위험을 감지하고 목주름을 넓게 피는 행동 모두 자신의 몸이 커보이게 해서 상대를 위협하려고 하는 겁니다. 아무튼 몸집이 클수록 상대를 제압할 수 있고, 싸움에 유리하다는 사실은 동물이나 사람이나 같은 것 같습니다.

유튜브 동영상 QR
Male betta fishes fighting
한 어항에 합사되어 있는 수컷 베타 2마리가 서로 싸움을 벌이는 장면이 나옵니다.

래버린스 기관

버들붕어, 베타, 구피 등의 어류들에게 있는 보조 호흡기관으로, 미로기관으로도 불립니다. 이 기관은 폐와 기능이 거의 유사하기 때문에 래버린스 기관을 가진 어류들은 물속 용존산소 외에도 수면 위의 공기로도 호흡이 가능해서 용존산소가 적거나 좁은 곳에서도 잘 사는 경우가 많습니다.
베타와 버들붕어가 포함되는 오스프로네무스과(Osphronemidae)에 속하는 모든 어류들은 알과 치어들이 머무를 장소(거품집)를 수면 위에 만듭니다. 이 역시 아가미가 거의 퇴화되어 대부분 래버린스 기관으로 호흡하기 때문에 치어가 편하게 숨을 쉬게 하기 위해서 입니다.

베타 야생종

할 상대를 경계하는 데에 사용할 정도입니다. 대신 사람을 포함한 육상생물의 허파의 호흡원리와 비슷한 래버린스(labyrinth) 기관을 이용하여 수면 위의 공기로 호흡하는데 이것은 서식지와 연관이 깊습니다. 유속이 느리고 물이 얕아 물속에서 용존산소를 얻기 힘들기 때문에 수면 위의 공기로 호흡을 하도록 진화되었고, 필요 없어진 아가미를 싸움 용도로 사용하게 된 것은, 모두 오랜 진화를 통해 터득한 베타만의 생존 방법이라 할 수 있습니다.

베타들은 이런 이유로 죽을 때까지 끝없는 싸움을 멈추지 않고 계속해야 합니다. 어찌 보면 너무 극단적인 방법이라고도 할 수 있지만, 한정된 좁은 공간에 할당량 이상의 생물들이 있으면 수질이 금방 오염되어 모든 생물들이 전멸할 수도 있으니, 강한 개체만이 살아남아 후손에게 유전자를 물려주는 최적의 생존 방식을 채택한 거라 할 수 있습니다.

하지만 베타 한 마리의 관점으로 볼 때는 싸움에 목숨을 걸 뿐, 아무런 성과나 이유가 없는 것이어서 찜찜한 구석이 있을 겁니다. 베타의 싸움은 자신이 살아남기 위한 생존본능이 아닌, 종족유지를 위한 본능일 뿐입니다.

베타는 번식할 때에 암컷과 수컷이 만나는 시간도 반나절뿐이고, 알을 받아내는 과정도 싸움의 연속입니다.

베타 수컷은 발정기가 오면 수면 위에 수많은 거품을 만들기 시작합니다. 이 거품들을 거품집이라고 하는데, 훗날 암컷으로부터 알을 받아내 치어가 어느 정도 성장할 때까지 자라는 장소가 됩니다. 베타는 아가미 기능이 약해 래버린스 기관으로 수면 위의 공기로 숨을 쉬어야 하지만, 베타 치어는 물속에서 헤엄을 칠 수 없어 물속 바닥으로 가라앉아버리기 때문에 거품집을 만드는 것입니다.

산란 준비를 마친 수컷은 지느러미와 아가미를 펼치며 구애활동을 하기 시작합니다. 암컷과 수컷의 눈이 맞는 순간 수컷의 암컷에 대한 잔인한 사랑이 시작됩니다.

수컷은 갑자기 암컷을 쫓아 지느러미를 뜯어내며 공격을 시작하면, 갑

거품집을 만드는 베타

베타의 짝짓기

작스런 공격에 놀란 암컷도 이에 질세라 수컷을 공격하면서 큰 싸움이 벌어지게 됩니다. 짝이라면 서로 금슬 좋게 지내는 다른 동물과는 완전히 상반된 모습을 보여줍니다. 하지만 암컷과 수컷의 힘의 차이는 극심하기 때문에 이미 승패는 정해져 있습니다. 수컷은 싸움을 통해 암컷의 체력을 완전히 고갈시켜 움직일 힘마저도 없게 만들고, 약해진 암컷을 자신이 만든 거품집으로 몰아냅니다.

이제부터는 암컷이 거품집이 있는 곳에서 산란을 하게 되는데 수컷의 사랑은 치가 떨릴 정도로 잔인합니다. 수컷은 암컷으로부터 평범하게 알을 받아내지 않습니다. 자신의 몸통을 둥글게 둘러 암컷의 배를 쥐어짜며 정자를 뿌려 수정시키면서 알을 받아내고, 수컷은 암컷의 고통은 거들떠보지도 않고서 받은 알은 거품집에 붙입니다. 암컷의 몸속 알을 모두 받아낸 수컷은 마지막에 암컷을 공격해 먼 곳으로 쫓아냅니다. 이 과정에서 극도로 몸이 약해진 암컷이 알을 짜던 도중 기절하는 것은 물론이고, 산란이 끝난 후 목숨을 잃기도 합니다. 베타의 잔인한 사랑은 이렇게 끝나지만 여기서부터 베타 수컷의 또 다른 모습을 보게 됩니다.

베타 수컷은 다른 베타를 대할 때는 매우 사납고 거칠게 대하는 반면, 자신이 받아낸 알과 치어들은 놀라울 정도로 헌신적

베타의 친척, 한국의 버들붕어

버들붕어는 우리나라와 중국, 일본에 서식하는 농어목 Osphronemidae(버들붕어과)의 민물고기입니다. 베타와 같은 과에 속하는 어류인 만큼, 겉모습과 생활양식이 서로 유사합니다. 베타만큼은 아니지만 꽤 난폭하고 텃세가 심해서 동족이나 다른 종류의 어류들과 싸움이 일어나는 경우가 많고, 래버린스 기관이 발달해 있어 물 밖에 있는 공기로 숨을 쉴 수 있습니다. 그래서 번식할 때 베타처럼 거품집을 짓고 강한 부성애로 알을 돌봅니다. 우리나라에 있는 민물고기들 중에서 발색이 가장 아름다운 종 중 하나로, '극락어' 또는 '파라다이스 피시'라 불리며, 대형 저수지나 농수로에서 흔히 볼 수 있습니다.

관상 가치가 높은 베타

으로 돌봅니다. 거품집이 중간에 터지는 경우가 있는데 거품을 다시 만들거나, 바닥으로 떨어진 알이나 치어를 물어 거품집으로 옮기기도 합니다. 다른 생물들이 나타나 치어를 잡아먹지 않도록, 주변에 작은 움직임이라도 있으면 아가미를 양 옆으로 벌려 플레어링을 하며, 암컷과의 싸움으로 인해 몸이 성치 않아도 경계를 게을리하지 않습니다.

베타는 모성애가 없고 부성애만 있습니다. 알을 잡아먹는 것은 상대적으로 순한 암컷입니다. 그래서 수컷은 암컷이 알을 못잡아 먹게 산란을 마친 즉시, 알과 치어가 들어 있는 거품집으로부터 암컷을 멀리 쫓아내는 것입니다.

이렇게 며칠 동안 수컷의 부성애로 성장하게 된 치어들은 물속을 헤엄칠 수 있게 되면 수컷의 곁을 떠나게 됩니다. 더 이상 수컷과 거품집의 도움 없이도 수면 위로 올라가 숨을 쉴 수 있기 때문입니다.

비록 싸움만 하며 살고 항상 잔인한 모습만 보이는 베타지만, 지느러미의 아름다움과 베타 수컷의 부성애의 신비로움 때문에 국내에도 베타를 키우는 분들이 점점 늘어나고 있다고 합니다. 국내 수족관에서도 지느러미와 발색이 아름답게 개량되어 있는 베타를 쉽게 볼 수 있는 추세입니다. 물속의 수질이 조금 나빠져서 용존산소가 줄어든다 하더라도 수면 위의 공기로 호흡하기 때문에 쉽게 키울 수 있고, 활동량도 적은 편이라 큰 어항이 필요 없습니다. 투쟁성이 워낙 강하기 때문에 번식할 때 반나절의 시간을 제외하면 어항에 한 마리밖에 키울 수 없다는 단점이 있긴 하지만, 물고기는 키우고 싶은데 큰 어항을 구입할 여유는 없고, 관리도 힘드실 것 같다면, 작은 어항에 베타 한 마리 키워보는 것을 추천해 드립니다.

03 아프리카 3대 호수의 시클리드들

동아프리카 지구대

동아프리카 지구대는 이스라엘의 사해에서 시작하여 모잠비크에 이르는 거대한 협곡 지대를 형성하고 있습니다. 약 2천만 년 전 지각판이 움직이는 과정에서 지각에 균열이 생겨 지각의 일부가 침강하면서 생겨난 곳으로, 협곡의 일부 지역에는 물이 들어오면서 현재 아프리카 3대 호수를 형성하게 되었습니다.

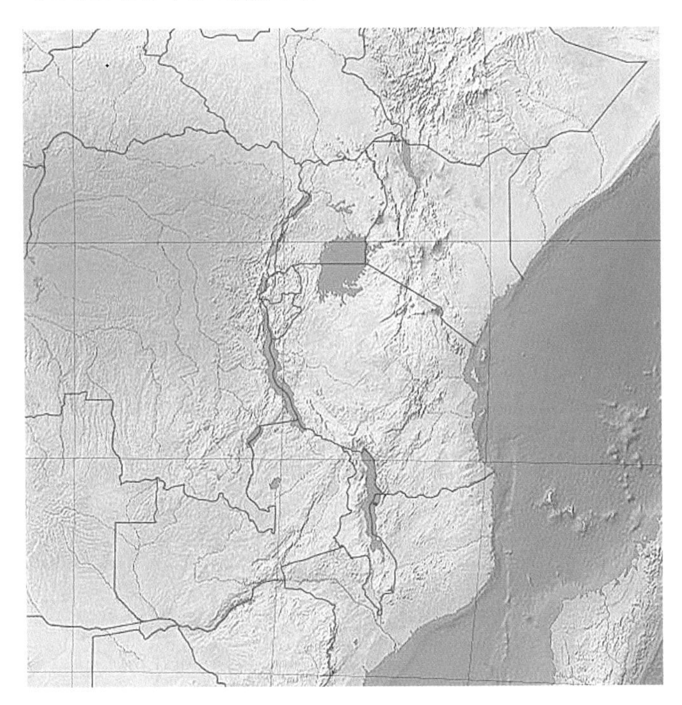

동아프리카 지구대에 있는 호수에는
1,000종에 달하는 시클리드들이 서식하고 있습니다.

흔히 아프리카, 남아메리카, 중앙아메리카, 동남아시아의 열대지방에서 주로 발견되며, 농어목 시클리드과에 속하는 민물고기들을 '시클리드'라 부릅니다. 색깔이 다양하고 예쁜 데다 적응력이 높아 더러운 물에도 죽지 않고, 입속에 새끼를 넣어 기르거나 가족을 이루며 생활하는 등 영리한 모습도 보여주기 때문에 전 세계적으로 관상어로 인기가 매우 높습니다.

시클리드의 조상들은 아주 오래 전만 해도 바다에서만 사는 해수어였습니다. 그런데 화산 활동이나 대륙의 이동으로 호수에 갇히거나, 강에 자리를 잡게 되면서 민물환경에 차츰 적응해 나가게 되었고, 그 후 여러 가지 요인에 의해 다양한 형태로 종 분화를 하였습니다. 현재는, 지구상의 척추동물들 중 가장 종의 다양성이 높은 분류군으로 주목받고 있습니다. 매우 짧은 기간에 어마어마한 종류로 종 분화를 이루어냈기 때문에 진화생물학자들에게 시클리드의 종 다양성은 옛날부터 가장 큰 미스테리였습니다.

시클리드가 지구상에 서식하고 있는 지역은 다양하지만, 그중 아프리카 3대 호수인 빅토리아 호수에는 약 300종, 말라위 호수에는 약 350종 이상, 탕가니카 호수에는 약 300종 이상 되는 시클리드들이 서식하고 있습니다. 아프리카 3대 호수에 서식하는 시클리드 중에서 90% 이상이 3대 호수 중 한 곳에서만 서식하는 고유종으로 알려져 있습니다. 한반도에 서식하는 민물고기가 약 200종이고, 그중 60종 정도만이 고유종인 것을 감안하면 정말 상당한 수입니다.

그런데 더 놀라운 점은, 불과 몇 만 년 전만 해도 이 호수에 서식했던 시클리드의 종류는 거의 극소수였다는 것입니다. 몇 만 년에서 수십 만 년 만에 시클리드들이 진화를 하여 종의 분화를 거치면서 현재 엄청난 종

류의 시클리드 종을 만들어낸 거라 할 수 있습니다.

많은 생태학자들에게 아프리카 3대 호수의 시클리드들은 오래 전부터 진화와 종의 분화에 매우 중요한 연구대상이 되었는데, 어떻게 이런 일이 가능했는지가 하나하나 밝혀지고 있습니다. 종 분화의 원인은 3대 호수마다 조금씩 다릅니다. 이제 3대 호수가 어떻게 시클리드의 종 분화를 각각 이뤄냈는지에 대해 설명하겠습니다.

첫 번째로 소개할 호수는 탕가니카 호수입니다.

면적이 약 34,000km^{2}로 한반도의 1/7에 이르며, 세계에서 5번째로 큰 규모입니다. 평균 수심이 570m이고 최대 수심이 1,470m에 달해서 세계에서 수심이 두 번째로 깊은 호수이기도 합니다. 콩고민주공화국, 탄자니아, 부룬디, 잠비아의 4개국의 국경에 걸쳐 있고, 1858년경 잉글랜드의 탐험가인 리처드 버턴과 존 스피크가 발견하여 외지인들에게 알려졌습

탕가니카 암석지대 시클리드–알토람프롤로고스 컴프리시셉스

탕가니카 모래지대 시클리드–네오람프롤로고스 물티파시아투스

탕가니카 고비 시클리드–에릿모두스 키야노스틱투스

니다.

탕가니카 호수는 인류가 지구상에 등장하기 한참 전인 약 2천만 년 전 생성된 호수로 역사가 매우 깊습니다. 화산 활동으로 거대한 계곡이 생겨나고 물이 차 호수가 생성된 이후 외부로부터 유입된 시클리드를 포함한 다양한 민물고기들이 서식하게 되었고, 탕가니카 고유의 환경에 적응하기 위해 천천히 진화를 해 나갔습니다. 아주 오래 전에 생겨난 호수임에도 불구하고 급격한 환경의 변화는 일어나지 않았고, 탕가니카 호수가 포함된 동아프리카 지구대는 양쪽으로 갈라지고 있어 호수가 매몰될 일도 없었습니다. 탕가니카 호수 내에서 점진적으로 환경의 변화가 일어났던 덕택에 엄청나게 다양한 종류의 시클리드들이 탄생할 수 있었습니다.

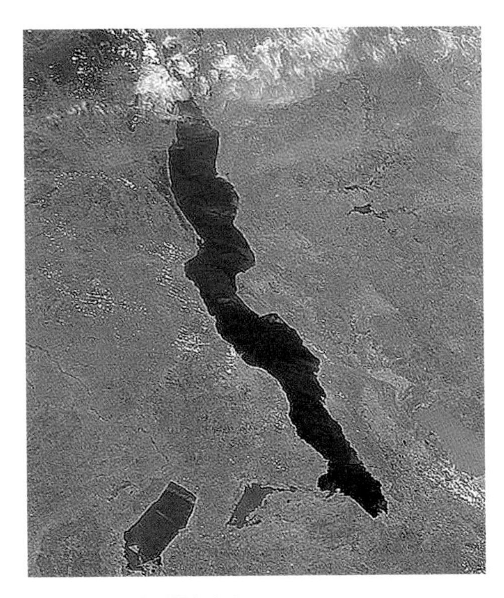

탕가니카 호수 위성사진

적응방산

원래 한 종이었던 생물종이 각자 다른 환경에 맞춰 적응하는 과정에서 다양한 종으로 분화가 일어나는 것을 말합니다. 원래 한 종뿐이었던 갈라파고스 섬의 핀치새들이 대륙으로부터 격리되어 부리 모양이 먹이에 따라 각자 환경에 맞게 다른 모양으로 분화하게 된 것이 가장 대표적인 예입니다. 탕가니카 호수에 서식하는 시클리드들도 마찬가지로 각자 다른 환경에 맞춰 적응하는 과정에서 종 분화가 일어난 적응방산의 한 사례입니다.

여기서 '점진적인 변화'라 함은, 생태환경 및 기후의 변화를 포함한 지리적인 변화를 의미합니다. 탕가니카 호수는 주변의 크고 작은 호수들과 끊임없이 합쳐지기도 하고, 갈라지기도 하면서 수많은 생물종들이 고립과 합류를 반복했었습니다. 그렇기에 탕가니카 호수는 다양한 종류의 생물들이 서식할 수 있는 다양한 환경이 존재하게 되었고, 고립되었던 호수들도 각자 기후나 환경, 먹이원이 조금씩 달라졌습니다.

탕가니카 호수에 왜 다양한 종류의 시클리드들이 서식할 수 있게 되었는지 유추가 가능할 겁니다. 탕가니카 호수 내의 시클리드들은 자신이 살고 있는 호수 내 각각의 환경에 맞춰서, 적응방산을 통한 진화와 종 분화를 하게 된 것이라고 할 수 있습니다.

그럼 이젠 탕가니카 시클리드들의 종 분화의 원인이 된 호수 내의 다양한 서식 환경들에 대해서 알아보겠습니다. 탕가니카 호수는 모래지대, 암석지대, 수심이 깊은 지점, 물살이 빠른 지점 등 다양한 환경이 분포합니다. 특히 모래지대와 암석지대에 가장 다양하고 많은 시클리드들이 서식하고 있습니다.

먼저 설명할 탕가니카의 서식 환경은 암석지대입니다. 탕가니카의 암석지대는 바위가 모래에 간간히 박혀 있는 암석지대와 모래와 이끼로 덮여 있는 암석지대로 나뉩니다.

바위가 모래에 간간이 박혀 있는 암석지대는 주로 물이 얕은 지점에 분포하며, 조약돌과 비슷한 크기가 작은 암석부터 시작해서 사람 머리 크기의 큰 암석들이 있습니다. 그래서 이곳에 사는 시클리드들은 돌에 붙은 이끼나 갑각류, 물고기들을 잡아먹으며 서식합니다. 암석지대에 사는 시클리드들은 주위에 크고 작은 바위가 매우 많아 탕가니카 호수의 다른 지역과도 고립되어 있습니다.

모래와 이끼로 덮여있는 암석지대는 바위가 모래에 간간이 박혀 있는 암석지대보다 깊은 수심에 있는 곳입니다. 그래서 햇빛을 상대적으로 덜 받기 때문에 이끼의 양이 적고, 그 결과 먹이원이 적은 편이기에 작은 시클리드들이 분포합니다.

유튜브 동영상 QR
Tanganyika Travels
다양한 종류의 시클리드들이 헤엄치는 탕가니카 호수 내부 동영상입니다.

모래지대에는 크고 작은 소라껍데기들이 여기저기에 널려 있습니다. 이곳에 사는 시클리드들은 소라껍데기나 자신이 직접 판 구멍을 은신처나 산란처로 삼으며 서식하고 있습니다. 대부분의 생활을 소라껍데기 속에 숨어 지내면서 천적의 공격을 피하고, 감각기관을 통해 천적이나 먹잇감의 접근을 재빨리 알아챌 수 있도록 진화했습니다. 작은 시클리드들이 분포하고 있기 때문에 단독생활을 하지 않고 크고 작은 군집을 이루며 살고 있습니다. 물티, 시밀리스, 멜리아그리스 등의 어종들이 분포하는데, 탕가니카 호수 시클리드종들 중에서는 관상어로 가장 인기가 많은 것으로 보입니다.

물살이 많은 지대는 연안에 파도가 치는 지대를 포함하며, 용존산소량이 매우 높은 곳입니다. 수심은 약 1m 이내로, 조약돌 크기의 작은 암석들과 모래들이 분포하고 있으며, 주로 바닥에서 생활하며 오므려진 입을 이용해서 작은 암석이나 모래에 붙어 있는 갑각류나 곤충의 유충을 잡아먹는 고비 시클리드(망둥어 시클리드)들이 서식합니다.

수심이 깊은 지점에는 주로 크기가 큰 시클리드나 시클리드 외의 다른 어류들이 분포하고 있습니다. 탕가니카 호수의 평균 수심이 570m인 만큼, 일부 시클리드는 수심이 너무 깊어 어두운 곳에 서식해야 했기 때문에 눈이 퇴화했고, 예민한 감각기관이 발달한 종도 있습니다.

이처럼 탕가니카 호수는 면적이 다른 호수에 비해 좁은 편이지만, 적응방산이 활발히 일어날 만한 다양한 환경이 조성되어 있기 때문에 종의 수가 다양하다는 것을 알 수 있습니다.

말라위 음부나 시클리드-멜란디아 롬바로디

말라위 합스 시클리드-코파디크로미스 아주리우스

두 번째로 소개할 호수는 말라위 호수입니다.

말라위 호수는 세계에서 9번째로 큰 호수로, 약 1,000종이나 되는 민물고기들이 서식하고 있습니다. 스코틀랜드의 탐험가인 리빙스턴에 의해 외지인들에게 처음 알려졌습니다. 지금으로부터 약 200만 년 전 화산 활동으로 거대한 협곡이 생기면서 형성된 호수입니다. 탕가니카 호수와 마찬가지로 판이 양쪽으로 갈라지고 있는 동아프리카 지구대에 위치하여 호수가 매몰될 일도 없었습니다. 전 세계 호수 중에서는 최초로 1984년에 세계문화유산으로 지정되어 생물다양성 보전지역으로 보호받고 있습니다. 놀라울 정도로 다양한 종류의 어류와 시클리드들이 서식하고 있기 때문입니다.

여성의 가슴과 성선택

성선택은 사람에게도 있습니다. 영국의 동물행동학자인 '데즈먼드 모리스'는 자신의 저서 『털 없는 원숭이』를 통해 인간은 직립보행을 하게 되면서 앞모습이 노출되었기 때문에 남성에게 성적 매력을 끌 수 있도록 여성의 가슴이 발달한 것이라 주장했습니다. 가슴이 작은 여성이 아기에게 모유수유를 하는 것과 움직이는 데에는 더 유리하지만, 가슴이 큰 여성이 남성에게 더 큰 성적 매력을 주기 때문에 가슴이 커지는 방향으로 진화를 하게 되었다는 겁니다.

말라위 호수도 탕가니카 호수와 같이 역시 적응방산 형태로 말라위 시클리드의 종 분화가 일어났고, '성선택적 진화'도 말라위 시클리드들의 종 분화에 크게 관여했습니다.

여기서 성선택 진화란, 다윈이 자연선택과 함께 제시한 진화의 메커니즘 중 하나로, 생존에는 다소 불리한 형질일지는 몰라도 그 형질이 이성의 짝에게 큰 매력으로 작용해서 번식에 유리하다면, 진화에 성공할 가능성이 높아진다는 이론입니다. 공작 수컷이 화려한 깃털 때문에 천적의 눈에 띌 위험이 커서 생존에 불리하지만, 화려한 외형이 공작 수컷에게 큰 성적 매력으로 작용하기 때문에 현재 진화에 성공하여 지구상에 남아 있다는 것이 대표적인 예입니다.

말라위 호수의 시클리드들이 탕가니카 호수의 시클리드들보다 다양하고 아름다운 채색을 가진 경우가 많습니다. 이것은 말라위 호수에 성선택적 자연선택의 힘이 탕가니카 호수에서보다 강하게 작용했기 때문이라고

말라위 음부나 시클리드 어항

말라위 음부나 시클리드-라비도크로미스 케롤레우스

볼 수 있습니다. 천적에게 더 쉽게 띌 수 있다는 치명적인 단점이 있긴 하지만, 이성의 짝에게 성적 매력을 끌 수 있도록 더 다양하고 아름다운 채색을 가지는 방향으로 진화하게 된 겁니다. 그래서 말라위 호수는 탕가니카 호수에 비해 적응방산이 덜 일어나긴 했지만, 말라위 호수의 시클리드 종수는 탕가니카 호수 시클리드보다 더욱 다양합니다.

그렇다면 시클리드들에게 적응방산을 일으킨 말라위 호수의 서식 환경에 대해 알아보겠습니다. 말라위 호수의 시클리드는 수심이 얕은 암석지대에 서식하는 '음부나 시클리드'와 드넓은 모래지대나 깊은 물에 서식하는 '합스 시클리드'의 두 가지로만 분류됩니다.

수심이 얕은 암석지대에 서식하는 음부나 시클리드의 경우는 돌에 붙은 이끼나 갑각류, 작은 물고기들을 잡아먹으며 삽니다. 말라위 호수는 암석지대가 많이 분포되어 있지 않기 때문에 영유권 다툼이 매우 심하고 상당히 사나운 종들이지만, 음부나 시클리드마다 색상이 다양하고 예뻐 국내에 있는 시클리드 중에서는 가장 값이 싸고 관상어로 인기가

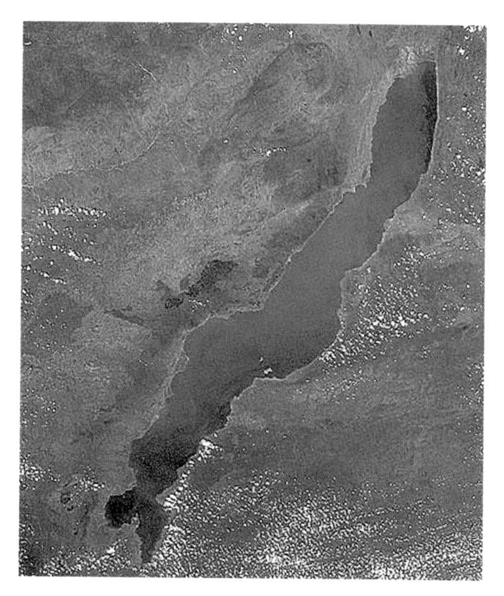

말라위 호수 위성사진

빅토리아 호수 위성사진

유튜브 동영상 QR

Lake Malawi African Cichlids

각양각색의 시클리드들이 헤엄치는 말라위 호수 내부 동영상입니다.

많은 종으로 손꼽힙니다.

암석지대 이외의 드넓은 모래지대나 깊은 물에 서식하는 합스 시클리드는 단독생활을 하는 육식성 시클리드와 무리지어 생활하며 초식성 먹이를 먹거나 잡식을 하는 시클리드로 나뉩니다. 육식성 시클리드들은 민첩한 속도로 먹잇감을 쫓거나 잠복하는 방식으로 사냥을 하고, 초식, 잡식성 시클리드들은 모랫바닥을 훑으면서 플랑크톤이나 이끼, 작은 갑각류를 잡아먹습니다.

마지막으로 소개할 호수는 빅토리아 호수입니다.

빅토리아 호수는 세계에서 두 번째로 큰 호수로, 면적이 한반도의 1/3에 달합니다. 케냐, 탄자니아, 우간다 3개국의 국경에 접해있고, 나일강이 발원하는 지점이기도 합니다. 약 50만 년 전 화산 폭발로 탄생한 호수로, 아프리카 3대 호수 중에서는 가장 늦게 생성되었습니다. 탐험가인 존 스피크에 의해 처음으로 발견되어 외지인들에게 알려졌습니다. 호수의 이름인 빅토리아는 당시 영국의 빅토리아 여왕의 이름을 따서 지어진 이름입니다.

하지만 빅토리아 호수가 유럽에 알려진 이후, 빅토리아 호수를 포함한 아프리카 일부 지역이 영국의 식민 지배를 받기 시작하면서 일부 영국인들이 빅토리아 호수에 2m에 달하는 거대 민물고기인 '나일 퍼치'를 방류하기 시작했습니다. 당시 나일 퍼치는 유럽인들의 식재료로 매우 인기가 많았고, 빅토리아 호수 주변에 머물던 영국 식민지 관리인들이 나일 퍼치를 잡으면서 낚시를 하려 했기 때문입니다.

나일 퍼치가 처음 유입되었을 당시에 호수 내 시클리드의 비율은 전체 생물들의 약 40%였습니다. 하지만 나일 퍼치가 시클리드들을 미친 듯이 잡아먹으면서 시클리드의 비율은 점점 감소하는 반면, 나일 퍼치의 비율

은 점점 늘어났습니다. 결국 1990년경에 나일 퍼치는 호수 내 생물의 80%가 넘는 비율을 차지하게 되고, 시클리드를 포함한 아프리카 고유 민물고기 400종이 완전히 멸종하여 호수 내 전체 생물 중 시클리드는 1~2%의 적은 비율만을 차지하게 됩니다. 관상어 애호가들의 입장에서는 빅토리아 호수의 아름다운 시클리드를 키울 기회를 박탈당하고, 생태학자들의 입장에서는 빅토리아 호수 시클리드를 연구할 기회를 박탈당한 셈입니다.

이런 이유로, 빅토리아 호수에 서식하는 시클리드들에 대한 연구는 앞서 얘기한 두 호수에 비해 활발하게 이루어지지 않는 것 같습니다. 빅토리아 호수에서 멸종한 시클리드에게만 발견될 수 있는 엄청난 가치의 학술적 자료들을 일부 상실했을지도 모를 일입니다.

빅토리아 호수에서 시클리드들이 사라진 이후, 녹조가 발생하며 수질이 오염되었고, 호수 주변에는 모기를 포함한 해충들이 엄청나게 증가했다고 합니다. 암석에 붙은 조류, 이끼와 플랑크톤, 수서곤충을 먹으며 사는 소형 시클리드들이 사라지면서 생긴 결과로, 시클리드의 생태학적 비중이 매우 크다는 사실이 시클리드의 멸종으로 입증되었습니다.

빅토리아 호수 외의 말라위 호수와 탕가니카 호수도 천천히 오염되고 있고, 물의 수위도 감소하고 있다고 합니다. 호수 주변 지역의 인구가 갑작스럽게 증가하면서 호수 내 물고기를 대규모로 남획하고, 작물의 재배를 위해 화학비료를 너무 많이 사용하면서 생긴 결과입니다. 이런 상황이 지속된다면, 빅토리아 호수뿐 아니라 말라위 호수와 탕가니카 호수의 시클리드들도 야생에서 영영 볼 수 없게 되는 상황이 오게 될지도 모릅니다.

04 태고의 모습을 간직한 고대어들

파충류와 조류의 중간 단계

시조새는 파충류가 지니고 있는 비늘, 튼튼한 이빨, 골격구조를 가지고 있지만, 조류가 지니고 있는 깃털로 이루어진 날개도 있습니다. 그래서 파충류가 조류로 진화하는 분기점에 위치하는 생물이자 현존하는 조류들의 조상으로 잘 알려져 있습니다.

진화의 분기점에 위치하는 생물이 시조새만 있을까요?
실러캔스, 폴립테루스, 피라루크도 있습니다!

'살아 있는 화석'이라 불리는 실러캔스를 아시나요? 실러캔스는 공룡보다 1억 5천만 년 앞선 4억 년 전부터 번성했다가 공룡과 비슷한 시기인 7천만 년 전에 멸종한 생물입니다. 그런데 1938년 마다가스카르섬과 동아프리카 사이의 코모로 제도에서 실러캔스가 잡히면서 학계를 깜짝 놀라게 만들었습니다. 이후에는 동남아시아, 중국 지역에서도 실러캔스가 꾸준히 잡히기 시작했습니다.

실러캔스는 어류와 양서류의 중간 상태인 독특한 어류이기도 합니다. 본래 최초의 생물은 물에서 등장했고, 그 과정에서 어류 역시 등장했습니다. 최초의 어류는 턱이 없던 무악류였지만 진화를 거듭하면서 턱이 있는 유악류가 탄생했으며, 일부 종은 육상생활에서의 적응을 통해 물과 육상을 오가는 양서류로, 양서류는 완전히 육상생활에 적응한 파충류로 진화했습니다.

그런데 진화의 과정에서 양서류가 다시 어류로 역진화하는 경우가 있는데, 그 대표적인 어류가 바로 실러캔스입니다. 육상생물로서의 진화를 시도하다 실패하고 다시 어류로 역진화하게 된 것입니다. 실러캔스 유전자의 일부는 육상동물의 것과 유사한 점이 상당히 많기 때문에, 많은 과학자들은 실러캔스의 연구를 통해 동물이 바다에서 육상으로 진출하는 과정에 대한 비밀이 곧 밝혀지게 될 거라며 큰 기대를 안고 있습니다.

바다에서 4억 년 전부터 태고의 모습을 그대로 간직한 어류가 실러캔스라면 담수어류는 어떤 종이 있을까요?

우선 실러캔스와 유사하게 어류와 양서류의 중간 상태인 '폴립테루스'가 있습니다. 아프리카에서만 서식하며, 자기보다 작은 물고기를 주로 잡아먹는 육식동물이자 1억 년 전부터 지구상에서 살아왔던 고대 어류입니다. 양서류에 속하는 개구리와 도롱뇽의 경우에는 유생(올챙이) 시기에 아

폴립테루스 데르헤지

폴립테루스 비키르

가미가 있어 수중생활을 하는데, 폴립테루스 역시 갓 태어난 후 몇 개월 동안은 아가미가 있어 수중생활을 하고, 물속에서 호흡을 하다가 어느 정

유튜브 동영상 QR
Polypterus Bichir Bichir
68cm
폴립테루스 비키르가 어항 속을 헤엄치는 장면이 나옵니다. 폴립테루스 외에 다른 물고기들도 보입니다.

도 자라면 아가미는 사라지게 됩니다.

그래서 폴립테루스는 물속에서 생활하다가도 수면 위로 올라와서 공기호흡을 합니다. 물속에서만 생활하는 어류의 특성과 성장하면서 아가미가 사라지는 양서류의 특성을 모두 지니고 있어서, 폴립테루스는 공기호흡을 위해 나일강같이 수심이 얕은 강이나 얕은 범람원에 주로 서식하고 있습니다.

폴립테루스는 관상어로도 잘 알려져 있는 종이기도 합니다. 우리나라에서는 몇 년 전부터 폴립테루스 매니아층이 형성되어 현재 많은 분들이 키우고 있고, 동네 수족관에서도 폴립테루스를 쉽게 볼 수 있습니다. 특히 애완동물 수입 강국으로 잘 알려진 일본에서는 연예인들이 폴립테루스를 기르는 장면이 전파를 탄 적도 있었다고 합니다. 현재 일본에서 개량된 폴립테루스들은 가격이 10만 원대부터 100만 원대를 호가하며 비싼 가격에 팔리고 있습니다. 너무 비싸다고 생각할 수도 있겠지만, 세상에서 가장 비싼 관상어의 가격에 비하면 아무것도 아닙니다.

그렇다면 세계에서 가장 비싼 관상어는 무엇일까요?

바로 '플래티님 아로와나'입니다. 아로와나도 고대 어류의 일종으로, 많은 분들에게 키워지고 있습니다. 플래티넘 아로와나는 아로와나의 변종으로 다른 아로와나랑은 달리 온몸이 은색으로 찬란하게 빛납니다. 몇 년 전 싱가포르의 관상어 기업이 플래티넘 아로와나를 탄생시켜 전시회에 내놓았는데 가격이 한화로 5억 원을 넘었다고 하니 가장 비싼 관상어라고 할 만합니다.

실버아로와나

금룡

홍룡

아로와나는 폴립테루스보다 약 3천만 년 빠른 1억 3천만 년 전부터 지구상에 살아왔던 어류입니다. 현재까지도 남아메리카, 호주, 동남아시아에서 자기보다 작은 물고기나 곤충을 잡아먹으며 서식하고 있습니다. 남반구 대륙이 한때 하나의 대륙이었다는 것을 증명해 주는 생물종이기도 합니다. 하지만 지구상에 등장했을 때부터 형태가 거의 변하지 않았고 진화의 분기점에 위치하지도 않기 때문에 학술적 가치는 거의 없는 것으로 보입니다. 지금도 아로와나는 과학자들보다는 일반인들에게 관상어로 더욱 잘 알려져 있습니다.

특히 동남아시아에서 주로 서식하는 '아시아 아로와나'는 예로부터 '용'이라 불리며 부와 재물, 왕권의 상징이자 가족에게 평안과 건강을 안겨다 주는 존재로, 부유층이나 왕족 사이에서 널리 키워져 왔습니다. 키우던 아로와나가 죽음을 맞이하면 자신을 대신해서 건강이 악화되었으며 화를 대신 받아서 죽게 되었다고 생각했고, 아직까지도 그런 믿음을 가지고 있다고 합니다.

우리나라에서도 아로와나를 관상어로 키우는 분들이 많고, 전문적으로 키우는 동호회도 있습니다. 아시아 아로와나의 경우는 금빛을 내는 금룡, 붉은 빛을 내는 홍룡 등 각각 발색마다의 이름을 가지고 있고, 100만 원대부터 1,000만 원대까지 다양한 가격대에 판매되고 있습니다. 보통 사람들이라면 엄두도 못내는 비싼 가격이지만, 한번 아로와나의 매력에 빠져들면 결코 헤어 나오지 못할 정도라고 합니다.

유튜브 동영상 QR
Expensive red arowana
아시아 아로와나의 일종인 홍룡이 어항을 헤엄치는 동영상입니다.

하지만 실버 아로와나 등 일부 종을 제외하고, 아시아 아로와나는 야생 상태에서 멸종위기에 처

한 희귀종이기도 합니다. 그래서 CITES협약(멸종위기에 처한 야생동·식물 국제교역에 대한 보호협약)에 의해 우리나라에 수입되어 들어오는 아시아 아로와나에 칩을 심어 탄생한 지역, 수출국 등의 이력을 바로 확인할 수 있도록 되어 있습니다. 사람으로 치면 주민등록증인 셈입니다.

그리고 아시아 아로와나를 외국에서 수입해 오려면 수입허가서를 발급받고, 수송계획서와 보호시설의 사진을 서류 형태로 구비하여 제출해야 하기 때문에 절차도 굉장히 까다롭습니다. 이러한 과정을 모두 거쳐 아시아 아로와나를 키우게 된 사람은 주인임을 증명하는 인증서도 발급받아야 하고, 만약 아시아 아로와나를 다른 사람에게 분양하거나 어떠한 이유로 죽었을 경우에도 별도의 절차를 거쳐야 합니다.

피라루크

또한, 아시아 아로와나의 수입과 수출은 CITES조약에 의해 인공적으로 번식된 종에 한에서만 번식이 가능한 상태입니다. 아로와나의 인공번식이 법적으로 허용된 지역도 동남아시아 일부 국가에만 한정되어 있고, 현재 야생종 아로와나는 오직 학술적 연구를 목적으로 하고 있을 때만 수입이 가능합니다.

아시아 아로와나와 달리 실버 아로와나의 경우에는 별도의 절차 없이도 싼 값에 구입해서 키울 수 있습니다. 실버 아로와나는 현재 남아메리카 아마존에 주로 서식하는 아로와나인데, 멸종위기라는 타이틀을 달기에는 아직 야생에서 꽤 많이 살고 있지만, 언젠간 실버 아로와나도 아시아 아로와나처럼 국제적으로 보호받는 희귀종이 되어 별도의 수입절차를 거치게 될지도 모를 일입니다.

마지막으로 소개할 고대 어류는 남아메리카 아마존에 서식하는 '피라루크'입니다. 1억 년 전부터 지구상에서 살아왔으며, 아로와나와 마찬가지로 진화를 거의 하지 않고 태고의 모습을 그대로 간직한 어류입니다. 많은 사람들에게 세계에서 가장 큰 민물고기로 잘 알려져 있기도 합니다. 크기가 워낙 크기 때문에 아마존 원주민들에게는 중요한 식량자원이기도 하지만, 무분별한 남획 때문에 아시아 아로와나와 함께 CITES 협약에 의해 보호받고 있습니다. 국내에서는 코엑스나 여수 아쿠아플라넷 같은 대규모 아쿠아리움에서 볼 수 있는데, 크기가 기본 1~2m이고 최대 5m에 달하기 때문에 가정에서 피라루크를 키우는 것은 불가능합니다.

부레가 진화하면 허파가 된다.

생물들의 진화는 수중생활을 하다가 육상생활을 하게 되는 방향으로 진행되어 왔습니다. 수중생활만 하는 어류가 진화해서 수중생활에 육상생활을 모두 하는 양서류로 진화하고, 양서류가 진화해서 육상생활만 하는 파충류가 되었다는 게 일반적인 진화의 순서입니다. 이렇게 어류가 양서류와 파충류로 진화하는 과정에서 부레 주변에 모세혈관이 생기고, 한 방으로 이루어져 있던 어류의 부레가 여러 개의 방으로 나뉘게 되는데 이 방 하나하나가 바로 허파를 이루는 폐포입니다. 즉, 허파는 부레와 상동기관이라고 할 수 있으며, 피라루크는 현재 부레에 모세혈관이 생긴 단계에서 진화가 멈춰 있는 것이라 볼 수 있습니다.

일반적으로 몸집이 큰 생물일수록 더욱 많은 양의 산소를 필요로 하게 되는데, 피라루크 같은 거대한 물고기가 바다에서 살지 않고 산소의 양이 한정되어 있는 좁은 담수생태계 내에서 서식하고 있다는 점에서 의문을 가지게 됩니다.

피라루크의 경우 아가미 호흡뿐 아니라 수면 위에서 공기호흡을 하는 게 가능합니다. 피라루크가 워낙 커서 많은 산소를 필요로 하기 때문에 물속 용존산소만으로는 부족하니까, 수면 위 산소로도 호흡할 수 있도록 진화할 수밖에 없었습니다.

피라루크의 공기호흡 방식은 꽤나 독특합니다. 물고기가 물속을 위아래로 이동할 때 중요한 역할을 하는 물고기의 기관인 부레를 아시나요? 피라루크는 부레를 물속을 이동할 때 뿐 아니라 호흡을 할 때에도 사용합니다. 수면 위 공기로부터 받아들인 산소를 부레에 저장해 두었다가 온몸에 전달합니다. 다른 어류의 부레와는 달리, 피라루크의 부레에는 모세혈관이 있는 덕분에 부레에 있는 산소가 모세혈관에 전달되고, 모세혈관에 있는 산소가 온몸의 혈관으로 전달될 수 있습니다.

부레 호흡을 피라루크만 하는 것은 아닙니다. 육상생물로 진화하고 있는 모든 어류들이 피라루크처럼 부레 호흡을 합니다. 앞에서 언급한 폴립테루스도 마찬가지입니다. 이렇게 어류들이 육상생물로 진화를 하는 과정에서 부레는 모든 육상생물들의 호흡에 쓰이는 허파로 진화하게 됩니다. 그러므로 피라루크가 부레 호흡을 한다는 점을 비추어 볼 때, 피라루크도 역시 진화의 분기점에 위치하는 생물이라고 할 수 있습니다.

1억 년 전부터 태고의 모습을 그대로 간직한 채 지금까지 살아남아 있는 신비한 고대어들! 하지만 최근에 아로와나나 피라루크가 인간의 영향으로 국제적인 멸종위기종이 되어 CITES협약에 포함되는 것을 보면 정말 안타깝다는 생각이 듭니다. 1억 년 이상이나 되는 긴

한국에도 사는 태고의 고대어 철갑상어

한국, 중국, 러시아, 북아메리카, 유럽 지역에 주로 서식하는 철갑상어과의 어류로, 전 세계적으로 약 25종이 분포하고 있으며 우리나라에는 3종이 있습니다. 지구상에서 1억 년 전부터 민물과 바다에서 살아왔던 어류입니다. 우리나라에서 주로 서식하는 철갑상어의 경우에는 강과 바다가 만나는 지점에 살다가 산란기가 되면 강을 거슬러 올라가 알을 낳는 회귀본능을 가지고 있습니다. 하지만 최근에는 강과 만나는 지점의 바다를 간척사업으로 모두 파묻어 버리고, 댐 건설로 철갑상어의 회귀이동이 차단되는 바람에 현재 거의 모습을 보이지 않는 추세입니다.
특히 세계 3대 진미 중의 하나인 캐비어는 철갑상어의 알 요리로, 많은 사람들이 캐비어를 얻기 위해 남획하면서 현재는 국제적인 멸종 위기종이 된 상태입니다. 철갑상어의 보호를 위해 대부분의 국가에서 남획을 금지하고 있고, 철갑상어의 양식을 통해서만 캐비어가 공급되고 있습니다.

시간 동안 지구상에서 평화롭게 살아왔던 어류들이 우리 인간들 때문에 갑작스럽게 멸종하게 된다면, 이보다 더 허무할 수는 없을 겁니다. 고대어들이 우리 곁에 사라지지 않고 머무를 수 있도록 하기 위해서는 더욱 많은 관심을 가질 필요가 있다고 생각합니다.

05 닥터피시 가라루파와 친친어

흡착식 입을 가진 플레코

비파, 안시 등의 다양한 이름을 가지고 있는 플레코는 어항 안에서 흡착식 입을 이용해 물고기들이 먹지 못해 바닥으로 떨어진 먹이나 어항 벽의 녹조류 등을 먹고 자랍니다. 덕분에 어항을 깨끗이 청소해주는 물고기로 많은 관상어 애호가들에게 길러지고 있습니다.

닥터피시로 알려진 가라루파와 친친어도
흡착식 입으로 사람들의 각질을 제거해 줍니다!

닥터피시에 대해 한번쯤은 들어보셨을 거라고 생각합니다. 닥터피시는 터키, 시리아, 이란, 이라크 등 서아시아에 서식하는 민물고기의 일종인 가라루파입니다.

가라루파로 유명한 지역 중에 한 곳이 터키 내륙지방의 캉갈 온천으로, 온천수로 목욕을 하거나 마시면 근육통이나 각종 피부병에 큰 효과가 있다고 하여 유명합니다. 아무리 피부병이 심한 사람도 3주간 캉갈 온천수를 마시고, 온천욕을 하면서 가라루파의 치료를 받으면 완전히 치유된다고 알려져 있습니다. 캉갈 온천은 수온이 연평균 35℃ 정도로 민물고기들이 서식하기에는 고수온의 환경이지만 가라루파는 특이하게도 높은 수온에도 잘 견디며 살 수 있는 독특한 민물고기입니다.

닥터피시로 유명한 가라루파는 각질을 제거해 주는 것은 물론이고 피부병을 치료해 주고 근육통이나 신경통에도 특효가 있다고 알려져 있으나 일부는 사실이고, 아직 과학적으로 밝혀지지 않는 것도 있습니다. 이제 가라루파의 오해와 진실에 대해 알려드리고자 합니다.

캉갈 온천에 서식하는 가라루파들은 사람이 온천수에 몸을 담그면 순식간에 몰려들어서 입으로 사람의 피부를 공격해 각질(죽은 세포)을 먹기 시작합니다. 캉갈 온천이 워낙 고수온이다 보니 식물성 플랑크톤이나 동물성 플랑크톤이 살지 못해 단백질 공급원이 부족하기 때문입니다. 가라루파는 터키 고원지대의 고수온 생태계에 적응하기 위해 다른 동물들의 피부를 섭취하여 단백질을 보충할 수 있도록 알맞게 진화한 것이라고 할 수 있습니다.

덕분에 가라루파의 입은 약간 밖으로 돌출된 흡착식이어서 사람이나 동물의 피부에 달라붙어 각질을 뜯어먹기에 적합한 구조를 가지고 있습니다. 가라루파는 입으로 사람의 각질을 섭취하여 단백질을 보충하고, 사람은 각질제거의 효과를 볼 수 있습니다. 가라루파가 사람의 피부를 뜯어 먹는 과정에서 사람의 피부와 지속적으로 부딪

유튜브 동영상 QR
Garra rufa – Doctor Fish Treatment – Hungry Fish
손에 있는 각질을 먹고 있는 가라루파들이 나오는 동영상입니다.

가라루파

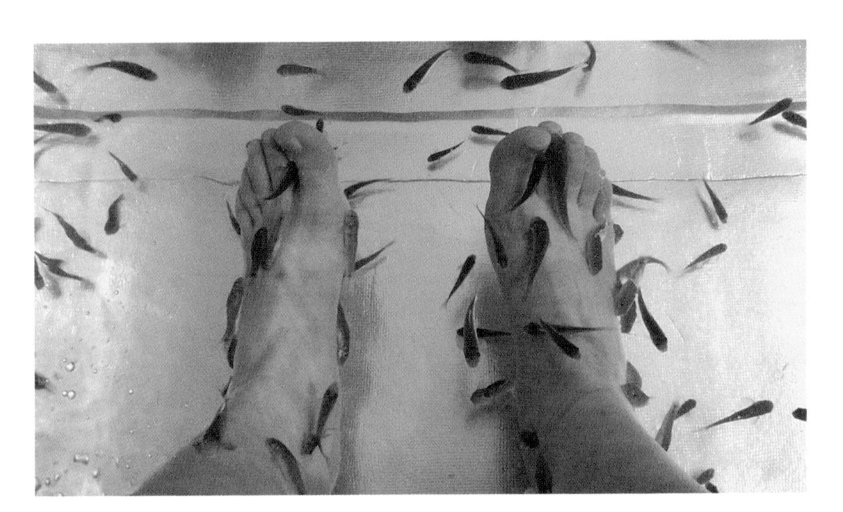

가라루파 치료

히면서 마사지도 해주고, 피부병 환자의 피부병이 발현된 지점을 집중적으로 공격해서 피부병을 낳게 해주기도 합니다.

여기까지가 사람들이 흔히 알고 있는 가라루파의 효능입니다. 그래서 독일에서는 닥터피시를 활용한 피부병 치료가 의료보험에도 적용이 된다고 하며, 실제로 닥터피시로 효과를 본 사람들도 많다고 합니다. 반면에 닥터피시로 인해 도리어 심한 피부병에 걸리는 사례도 간간이 있습니다.

아무래도 가라루파의 원산지인 터키 온천에서 온천욕을 하며 치료를 받아야, 피부병이 치유되는 직접적인 효능을 느낄 수 있을 것 같습니다. 일부 의사들도 가라루파의 입에서 나오는 물질과 온천수, 태양빛(자외선)의 삼박자와 그 외 주변 환경이 모두 조화를 이뤄야 피부병이 치료되는 효과를 볼 수 있다고 합니다.

이 점에서 비추어 볼 때, 가라루파가 피부병 환자의 피부병 발현부위를 공격하여 약간의 출혈이 일어난 부분에 효능이 있다고 알려진 터키의 온천수와 태양빛이 닿는 과정에서 피부병이 치유되는 것 같기도 합니다. 이 말이 사실이라면, 터키 온천 외의 지역에서 닥터피시 치료를 받으면 각질 제거와 마사지 외에는 그리 큰 효과를 거두지 못한다는 뜻이기도 합니다. 일부 전문가들은 각질이 제거되어 약간의 출혈이 발생하면 감염의 위험이 더욱 커지기 때문에 오히려 아토피 등의 피부병을 악화시킬 수 있고, 피부 보습에는 도움이 되지 않을 거라고 말하고 있습니다.

가라루파가 피부병에 효능이 있고 없고를 떠나서, 가장 큰 문제는 바로 가라루파의 효능을 정확하게 입증할 수 있는 연구 결과가 지금까지도 밝혀지지 못했다는 것입니다. 즉, 가라루파로 피부병이 치료되었다는 불확실한 '결과'만 밝혀졌을 뿐, 가라루파가 피부병을 치료하는 과정을 과학적으로 설명해줄 수 있는 '메커니즘'이 밝혀지지 않았습니다. 그래서 가라루파로 피부병을 치료하는 것은 아직까지는 민간요법에 가까우며, 지금도 전문가들 사이에서 논란이 많습니다.

우리나라에서는 몇 년 전, 닥터피시에 대한 방송이 전파를 타면서 소비자들의 엄청난 파장을 불러일으키기도 했습니다. 닥터피시 치료를 체험

틸라피아

아프리카가 원산지인 민물고기로, 생명력과 적응력이 강하고 맛이 좋아서 예로부터 양식이 진행되어 왔습니다. 생명력이 좋아 45℃나 되는 고온에서도 죽지 않는다고 합니다. 우리나라에는 50년대에 도입되어 '역돔'이라 불리고 있는데, 값이 비싼 해수어인 도미와 맛이 비슷하기 때문에 일식집에서 도미로 둔갑시키고, 판매해서 한때 큰 문제가 된 적도 있습니다.
틸라피아는 사나운 육식 물고기이기도 하여 최근 브라질에서는 피라냐의 수가 급증하자, 피라냐의 수를 감소시키기 위해 틸라피아를 방류하기도 했습니다.

한 이후, 도리어 피부병에 걸린 소비자가 방송에 등장하였고, 우리나라에서 닥터피시 치료에 사용되고 있는 물고기는 가라루파가 아니라, 대부분 중국에서 수입한 틸라피아의 변종인 친친어로 밝혀지게 됩니다.

도대체 왜 가라루파의 효능과 그 메커니즘이 밝혀지지도 못한 상황에서 친친어를 부정적으로 표현하고 있는지 이해할 수 없었습니다. 친친어도 그 효능과 메커니즘이 밝혀지지 못했기 때문입니다.

친친어도 가라루파와 마찬가지로 피부의 각질을 제거해 주고, 치료에 대한 기대심리를 유발하는 데다, 다른 물고기들과는 달리 사람을 두려워하지 않고 다가와서 즐거움을 준다는 점에서는 친친어의 효능 역시 무시할 수 없다는 느낌이 들었습니다. 물론 업체에서 사용하는 닥터피시가 가라루파인지 친친어인지는 분명히 명시를 해야 하지만, 무조건 친친어가 중국산이라 하여 부정적으로 바라보는 것은 잘못된 시선이라고 생각합니다.

닥터피시를 비위생적으로 유통하고, 관련 시장에서 닥터피시가 들어 있는 온천수를 불결하게 관리하는 점이 더 큰 문제라고 생각했습니다. 닥터피시 치료를 받은 후 피부병이 걸린 사람은 아무래도 닥터피시 자체의 문제가 아니라, 닥터피시가 살고 있는 비위생적인 온천수의 문제가 대부분이었을 거라 봅니다. 온천수 물에는 한 사람만 들어가는 것도 아니고 여러 사람이 들어가는 데다 닥터피시도 사람의 각질을 먹은 후 배설을 하기 때문에 온천수가 금방 더러워질 수밖에 없습니다. 이런 온천수를 주기적으로 청소하지 않는다면 온천수에 들어간 사람은 오히려 피부병에 걸리거나 피부병이 악화될 수밖에 없을 겁니다.

가라루파 관련 업체에서 닥터피시 요법을 받으면 무조건 피부병이 낳게 된다는 허위 과장 광고도 큰 문제라고 봅니다. 비록 피부병 환자들에게 피부병 치료에 대한 기대심리를 유발할 수 있기는 하지만, 닥터피시의 가장 큰 효능인 각질의 제거는 도리어 감염의 노출 위험을 증가시켜 피부병을 악화시킬 수 있기 때문입니다.

최근에는 국내에 있는 닥터피시 관련 시장의 위생상태와 유통 과정, 허위 광고의 문제점이 차차 개선되어가고 있는 것으로 보입니다. 비록 터키에서는 가라루파가 보호종으로 지정되어 보호받고 있어서 외국으로 수출할 수 없지만, 이미 많은 나라에서 인공번식에 성공하여 우리나라를 포함한 많은 나라에 수출되고 있습니다. 덕분에 우리나라의 일부 수족관에서도 가라루파가 싼 값에 판매가 되고 있고, 인터넷 커뮤니티에서도 개인적인 분양이 꾸준히 진행되고 있는 것으로 알고 있습니다.

그런데 가라루파와 친친어에 대한 논란은 아직까지도 사그라들지 않고 있다는 느낌이 듭니다. 그에 따라, 가라루파와 친친어에 대해 불신을 많이 갖고 있을 겁니다. 만성 두드러기나 아토피 같은 피부질환에 감염되어 하루하루를 괴롭게 보내고 있는 사람들이 점점 증가하고, 확실한 치료

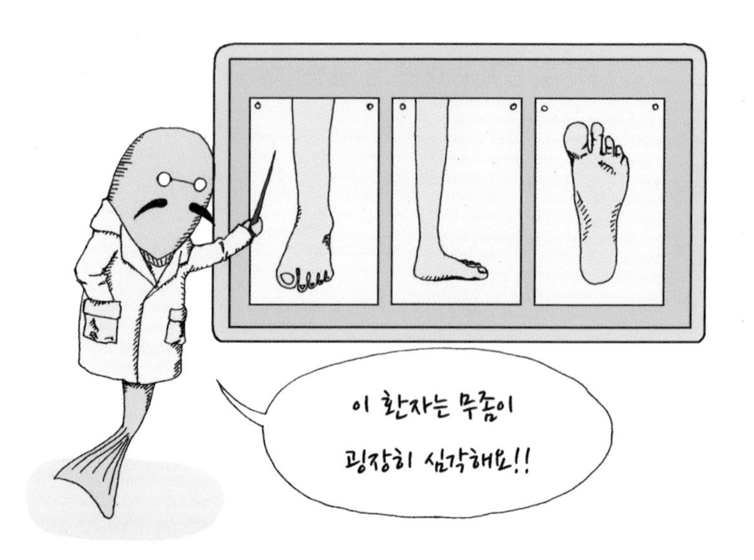

법이 있지도 않은 지금은 가라루파와 친친어 그리고 캉갈의 온천수에 대한 복합적인 연구가 언젠간 반드시 진행되어야 한다고 봅니다. 닥터피시와 캉갈의 온천수가 피부병을 치료하는 메커니즘이 밝혀지면, 아토피나 만성 두드러기 같이 심각한 피부질환들을 치료할 수 있는 중요한 열쇠가 되어줄 수도 있을 겁니다.

2장

한국의 민물고기

06 민물조개에 알을 낳는 민물고기

개미와 진딧물의 공생

진딧물은 식물을 먹으면 단백질을 흡수하고 액체 형태의 당분을 배출하는데, 이 물질을 감로라고 부릅니다. 진딧물들은 개미들에게 단맛이 나는 감로를 제공해 주는 대신, 개미들은 진딧물이 무당벌레 같은 천적들에게 잡아먹히지 않도록 보호해 줍니다. 개미와 진딧물은 천적으로부터 보호받고, 먹이를 공급받기 위해 서로 공생관계를 유지하고 있는 것이라고 할 수 있습니다.

공생관계는 민물고기와 조개 사이에서도 존재합니다.
서로의 번식을 위해서죠!

우리나라에서 수풀이 우거져 있거나 자갈과 모래가 많은 하천, 여울을 잘 살펴보면 정말 독특한 물고기들이 서식합니다. 바로 민물조개의 몸속에 알을 낳음으로써 종족번식을 꾀하는 15종의 민물고기들입니다. 납자

묵납자루

루, 각시붕어, 흰줄납줄개, 떡납줄갱이, 칼납자루, 묵납자루, 중고기 등이 대표적입니다. 이 민물고기들은 산란기가 되면 외국의 열대어 못지않은 붉은색, 파란색, 노란색 심지어는 황금색의 매우 아름다운 산란색을 내기 때문에 많은 사람들에게 관상어로 포획의 대상이 되고 있습니다.

특히 이 15종의 민물고기 중에서, 한국에서만 서식하는 고유종이자 보호종이기도 한 묵납자루는, 관상어 산업이 잘 발달된 일본에서는 가치가 엄청나기 때문에 밀반입되었거나 보호종으로 지정되기 전에 반입된 묵납자루들이 한 쌍에 20만 원을 호가하기도 합니다. 산란색이 도는 묵납자루 수컷은 검푸른색 몸 빛깔에 배 부분에는 황금빛의 발색이 연하게 빛나고, 지느러미는 검은색과 황금색이 중간에 경계를 이루며 조화를 이루어 아름답습니다. 그래서 일본에서는 이미 묵납자루의 품종개량을 진행하거나 알비노화하여 더욱 높은 관상 가치를 지닌 묵납자루가 판매되고 있습니다.

떡납줄갱이

흰줄납줄개

각시붕어

민물조개에 알을 낳는 15종의 민물고기들은 대체로 4~8월이 되면 발색이 전보다 더 진해지는 산란색을 띠게 되고, 암컷은 항문 부분에 길쭉한 산란관이 튀어나오게 되는데 이때가 바로 산란기입니다. 산란기가 와서 아름다움을 뽐내게 된 수컷은 알을 낳아 줄 암컷을 찾아 수풀 여기저기를 돌아다니며 건강한 암컷을 고르고, 암컷들도 산란색이 진한 수컷을 선택합니다. 암컷은 수컷의 산란색이 진할수록 유전자가 우수하고 건강하다고 판단하기 때문입니다.

이렇게 짝을 찾게 된 수컷은 두 눈을 부릅뜨고 자신의 암컷을 유혹하는 다른 수컷들을 견제하기 시작합니다. 몸을 좌우로 흔들며 주변의 다른 수컷들을 쫓아내서 자신의 암컷에게 접근하지 못하게 하고, 다른 종류의 물고기나 동종 수컷이 자신의 영유권 내로 침범하면 주둥이로 상대를 공격해 상처를 입히기도 합니다. 그리고 자신들의 자손을 낳을 산란 장소이자, 알과 치어가 머무르며 천적으로부터 보호받을 장소가 될, 건강한 민물조개를 찾기 위해 수풀을 뒤지기 시작합니다.

건강한 민물조개를 찾게 되면, 암컷은 민물조개의 아가미구멍에 긴 산란관을 집어넣어 알을 주입합니다. 수컷도 이어서 아가미구멍에 정액을 뿌려 알을 수정시키면 산란은 끝나게 됩니다. 아가미구멍은 입수구(물이 들어오는 아가미구멍)와 출수구(물이 나가는 아가미구멍)가 있는데, 민물고기 종에 따라 입수구에만 알을 낳는 종도 있고, 출수구에 알을 낳는 종이 있습니다. 몸이 납작한 납자루나 각시붕어, 묵납자루같이 납자루아과에 속하는 13종의 민물고기들은 입수구에, 중고기과에 속하며 몸이 동그란 원통형인 중고기와 참중고기 2종은 출수구에 알을 주입합니다.

이러한 방식으로 민물조개에 알을 낳는 납자루아과의 13종과 중고기과의 2종의 민물고기들은, 산란 한 번에 최대 1억 개까지 알을 낳아 종족

말조개

중고기

을 유지하려는 다른 어류들과는 달리, 20~30개 남짓의 아주 적은 양의 알을 낳습니다. 대신 민물조개 몸속에 알을 넣어 치어들이 어느 정도 자라 천적으로부터 충분히 도망칠 수 있는 유영능력을 갖출 때까지 민물조개 안에서 난황을 소비하면서 보호받으며 성장할 수 있도록 합니다.

이런 식으로 번식을 하게 되면 알과 치어가 민물조개에 있는 동안에는 다른 포식자에게 잡아먹힐 염려가 없어 종족을 유지하는데 상당히 유리하다는 장점이 있습니다. 게다가 알을 많이 낳을 필요가 없으므로 산란 시 많은 에너지가 필요 없습니다.

민물조개들 또한 일방적으로 민물고기들의 산란처가 되어주지는 않습니다. 민물조개는 민물고기들이 산란을 위해 자신에게 가까이 접근할 때 알에서 부화한 자신의 새끼인 글로키디움(조개 유생)들을 민물고기의 몸에 붙여서 글로키디움들이 약 한 달 동안 민물고기들의 피와 체액을 빨아먹으며 살아갈 수 있도록 합니다. 그리고 한달 정도 지나면 글로키디움은 민물고기의 몸에서 떨어져 나가 새로운 지역에 자리를 잡게 됩니다.

난황

사람 등의 포유류와 같은 태생 동물들은 태아시기를 거치며 성장할 때 어미의 태반을 통해 영양분을 공급받습니다. 하지만 새나 물고기 같은 난생 동물들은 어미로부터 영양분을 공급받을 수 없기 때문에 알에 영양분을 따로 저장해 두는데 이것이 바로 난황입니다. 새의 알로 따지면 노른자에 해당하며, 배아의 성장을 위한 모든 영양분이 함유되어 있습니다.
어류의 경우에는 난황이 알에서 모두 소비되지 못하고 치어 배에 달린 채 같이 나옵니다. 갓 태어난 치어는 먹이를 먹을 수 있는 능력이 없는데, 이때 난황이 치어의 성장에 큰 도움을 줄 수 있습니다.

민물조개가 15종의 민물고기들에게 산란처를 제공해주는 대신 민물고기들은 어린 조개들의 먹이와 안식처를 제공해주고, 다른 지역에서도 널리 퍼질 수 있도록 도와주는 것이라고 할 수 있습니다. 민물조개는 이동성이 매우 떨어져 자손을 널리 퍼뜨리기 힘들기 때문에 이동성이 높은 민물고기들의 힘을 빌리는 겁니다. 간혹 민물고기의 몸에 글로키디움이 너무 많이 붙게 되면 피와 체액을 많이 빨아 먹혀서 죽음에 이르기도 하고, 세균감염이 발생하여 죽기도 합니다.

그래도 민물고기 쌍은 이러한 것들을 모두 각오하고 자신의 알을 보호해 줄 민물조개를 찾아 수정시킨 후 아가미구멍을 통해 민물조개의 몸속

에 넣어서 부모로서의 역할을 완전히 끝마칩니다. 어미로서의 남은 몫은 이제 민물조개가 쥐게 되지만, 민물조개는 묵납자루가 자신의 몸의 산란을 하는 것을 환영해주지는 않습니다. 특히 알이 입수구(물이 들어오는 아가미 구멍)로 들어가게 되면 호흡이 힘들어져서 자신의 몸속에 있는 민물고기의 알과 치어들을 이물질로 간주하고 토해내기 위해 안간힘을 씁니다.

자신의 대리모인 민물조개와의 싸움을 견뎌낸 묵납자루 치어만이 세상 밖으로 나올 수 있게 되는 것입니다. 즉, 15종의 민물고기들과 민물조개들은 하며 피와 체액이 빨아 먹히는 고통과 호흡곤란의 고통을 감내하며 서로의 종족번식을 위해 공생합니다. 이처럼, 다른 종 집단끼리 서로 공생을 하는 것이 종족번식에 도움을 줄 수 있다는 것을 깨닫고 서로 협력하는 방향으로 진화하는 것을 '공진화' 라고 부릅니다.

민물조개에 알을 낳는 15종의 민물고기들은 산란기가 되면 매우 아름다워서 관상 가치가 높기 때문에 많은 사람들의 포획의 대상이 되어 수가 꾸준히 감소하고 있습니다. 민물조개는 수질변화에 굉장히 민감하게 반응하는데, 최근에 서식하는 하천의 수질이 오염되면서 그 수 역시 감소하고 있습니다. 또한 민물조개들과 민물고기들은 서로의 종족번식을 위한 공생관계를 유지하고 있기 때문에 한쪽이라도 수가 줄면 양쪽이 동시에 수가 감소하는 결과를 초래합니다. 양쪽 모두 수질오염과 포획 문제가 더해져 감소하는 수는 가속도가 붙고 있습니다.

국내 고유종 서호납줄갱이의 멸종

우리나라에 서식하며, 민물조개에 알을 낳는 납자루아과의 종은 원래 13종이 아니라 14종이었습니다. 하지만 1930년대에 서호납줄갱이가 수원의 호수 서호에서 출현이 보고된 것을 마지막으로, 더 이상 우리나라에 모습을 보이지 않게 되면서 현재는 완전히 멸종한 종으로 추정하고 있습니다. 서호납줄갱이의 표본은 현재 미국 시카고에 있는 자연사박물관에 보관되어 있습니다. 우리나라에 남은 민물고기들이 서호납줄갱이와 같은 길을 가지 않으려면 보호를 위해 많은 노력을 기울여야 할 필요가 있습니다.

우리나라도 민물고기들의 인공번식법을 연구하고 품종 개량을 하여 관상 가치가 높은 민물고기들을 하천이나 여울에서 직접 잡지 않고 수족관이나 마트에서 싸고 쉽게 구할 수 있어야 합니다.

그리고 수질오염을 막기 위한 노력을 해야 합니다. 조개에 알을 낳는 민물고기들이나 민물조개들뿐 아니라, 국내 담수생태계에 서식하고 있는 모든 생물들을 위해서라도 말입니다.

만약 이런 문제를 해결하지 못하고 민물조개들과 15종의 민물고기들이 야생에서 멸종을 맞게 된다면, 관상 측면에서도 경제적 가치가 매우 높을 뿐 아니라, 공진화 연구에도 도움을 줄 귀한 생물들을 모조리 잃게 되는 것입니다.

07 외래어종 대결! 배스, 블루길 vs 가물치, 잉어

외래종 뉴트리아

뉴트리아는 남아메리카가 원산지인 포유동물로, 몸길이가 꼬리까지 포함해서 1m에 달하는 거대한 외래종 쥐입니다. 먹성이 워낙 좋아 당근, 감자, 무 심지어 벼나 보리를 닥치는 대로 먹어 농가 피해가 발생하고 있으며, 간혹 제방이나 둑에 구멍을 뚫어 붕괴시켜서 범람을 야기하기도 합니다.

세계적으로 발생하고 있는 외래종 피해!
그렇다면 외래어종으로는 어떤 종이 있을까요?

생태에 관심이 많으신 분들이라면 국내 생태계를 교란시키는 외래어종인 배스와 블루길에 대해 잘 아실 겁니다. 두 종 다 우리나라에 있는 고유종 및 토종 민물고기나 수서곤충들을 닥치는 대로 잡아먹는 사나운 포

블루길

식자로 손꼽힙니다.

블루길의 원산지는 북아메리카 동부지역입니다. 1969년 이후로 수산청이 식용으로 사용하기 위해 일본으로부터 500여 마리를 들여와 팔당댐, 대청댐 등의 인공 호수에 자리를 잡고 살게 되었습니다. 현재는 수서곤충, 작은 물고기, 갑각류, 수서식물뿐만 아니라 물고기의 알까지 닥치는 대로 잡아먹고 있는 골칫거리 외래종입니다. 번식력과 적응력이 워낙 뛰어나서 국내의 많은 인공호수에서 우점종으로 자리를 잡았습니다. 10만 마리의 블루길을 대청댐에 방류한 전두환 전 대통령 영부인의 이름을 따서 속된 말로 '순자붕어'라고 불리기도 합니다. 그리고 의외로 살이 쫄깃쫄깃하고 맛이 좋아 낚시인들 사이에서 매운탕, 회, 튀김요리로 인기가 많은 어종입니다. 발색도 예쁜 편이고 크기도 그렇게 큰 편에 속하지는 않기 때문에 키우는 분도 꽤 있습니다.

배스는 1973년 이후로 수산청이 블루길과 마찬가지로 식용으로 사용

배스

하기 위해 도입한 물고기입니다. 원산지는 플로리다, 미시시피강 유역 등 미국 남동부 지역으로, 적응력이 워낙 좋고 생명력도 강해서 미국 해안 인근의 기수역에서도 서식하고 있습니다. 크기가 약 45~60cm 정도로 블루길보다 2배 이상 크고 굉장히 공격적이어서 움직이는 물체를 발견만 하면, 그 즉시 공격하여 새우나 작은 물고기 등을 잡아먹는 무서운 포식자입니다. 힘이 세고 손맛이 좋아 배스낚시 동호회가 생길 정도로 인기가 아주 많기도 합니다. 낚시 입문종으로 손꼽히기도 하며, 살이 많고 맛이 좋아서 구이나 찜으로 많이 먹는 어종으로, 안동호나 팔당댐같이 배스가 우점종으로 출현하는 지역에서는 배스를 전문적으로 요리하는 식당도 볼 수 있습니다.

이렇게 배스와 블루길은 우리나라가 넉넉하지 못했던 시절 배고픔을 달래기 위해 국내로 도입된 어종들이라는 공통점이 있습니다. 식용으로 도입된 어종은 배스와 블루길 외에도 무지개송어, 향어, 떡붕어, 이스라

엘잉어 등이 있는데 다행히도 생태계에 큰 해는 끼치지 않고 있는 것으로 보입니다. 최근에는 떡붕어가 우리나라 토종붕어보다 많다는 느낌이 들어서 걱정되기는 합니다만, 긍정적으로 보자면 우리 식생활에 도움을 주기도 하는 어류들입니다.

최근에는 배스나 블루길 등의 외래종이 언론이나 뉴스를 통해 토종생물들을 닥치는 대로 잡아먹는 포악한 물고기라는 인식이 심어지고 생태계에 해를 가한다는 사실이 일반인들에게도 많이 알려지면서 식용으로 쓰는 사람들도 줄어들고 있다고 합니다. 배스와 블루길이 천적이 거의 없는 상황에서 이런 일이 지속되면 배스와 블루길의 수가 더욱 늘어나는 결과를 초래할 수도 있습니다. 그래서 환경부에서는 어만두, 미음, 수제비, 계란말이 등 블루길과 배스의 요리법을 소개하여 먹어도 된다는 것을 알리며 적극 권하고 있습니다. 또, 배스와 블루길의 천적인 쏘가리나 가물치를 인공 번식시켜서 방류하는 행사도 진행하고 있는데, 실제로 쏘가리나 가물치가 방류된 곳에서는 블루길과 배스가 많이 감소되는 효과를 보았다고 합니다.

그렇다면 다른 나라는 외래종 문제가 얼마나 심각할까요? 우리나라는 그나마 나은 편이라고 합니다. 외국에서 발생했던 외래종 사태 중에서는 1950년대에 유럽이 원산지인 대형어종 나일 퍼치가 아프리카로 유입되면서 400종 이상의 아프리카 고유종 민물고기들을 완전히 멸종시킨 적도 있습니다. 일본의 경우는 애완동물의 수입 대국으로, 해외로부터 온갖 외래종들이 유입, 방류되어 도쿄나 오사카같이 인구가 밀집되어 있는 도심지에서도 사슴벌레, 전갈, 거미 등 외래종이 가끔 발견되고 있습니다.

일본은 한해에 약 80억 원에 달하는 예산을, 미국에서는 한 해에 1조 원이 넘는 어마어마한 예산을 외래종 퇴치에 사용하고 있습니다. 세계 각

빅토리아 호수의 재앙, 나일 퍼치

아프리카에 있는 빅토리아 호수는 세계에서 두 번째로 큰 호수로, 다양한 종류의 민물고기들과 시클리드가 서식하고 있는 장소였습니다. 하지만 빅토리아 호수 지역이 영국의 식민지가 되면서 유럽인들이 식재료로 가장 선호하는 물고기 중 한 종인 나일 퍼치를 빅토리아 호수에 방류하게 됩니다. 초반에는 현지인들이 빅토리아 호수에서 나일 퍼치를 잡아 유럽에 팔면서 지역경제에 큰 도움이 되기도 했지만, 어느 순간부터 갑자기 폭발적으로 증가하게 되면서 결국 400종의 아프리카 고유종 민물고기들이 완전히 멸종하게 됩니다.

나일 퍼치는 크기가 2m를 넘는 초대형 민물고기로 식성이 워낙 좋아 자기보다 작은 물고기는 무조건 입에 넣고 본다고 합니다. 배스와 블루길도 물론 식성이 워낙 좋고 난폭하기는 하지만, 나일 퍼치는 배스와 블루길이 우리나라 생태계에 주는 피해와는 감히 비교할 수 없을 만큼의 어마어마한 피해를 낸 겁니다. 현재 나일 퍼치의 방류로 인한 아프리카 고유종의 멸종은 생태학자들이 뽑은 최악의 재앙 1위로 꼽히고 있습니다.

국에서 외래종을 제거하거나 유입을 막기 위해 많은 노력을 하고 있지만, 아직도 많은 국가들이 사태를 해결하지 못하고 골머리를 앓고 있는 것으로 보입니다.

한편 미국, 캐나다, 일본 등은 우리나라의 토종 육식 민물고기이도 한 가물치가 유입되어 골머리를 앓고 있다고 전해집니다. 미국과 캐나다에서 가물치의 갑작스런 등장은 우리나라의 배스나 블루길에 비할 수 없을 정도로 엄청나게 큰 문제로 떠오르게 됩니다.

가물치는 특이하게도 물 밖에서도 숨을 쉴 수 있게 해주는 래버린스 기관(26쪽 참고)이 있고, 가슴지느러미를 이용해 물 밖을 기어 다닐 수도 있어서 '가물치는 땅에서 먼 거리를 이동해 아이들과 애완동물을 해치거나 죽일 수도 있다.'는 소문이 퍼지기도 했습니다. 그런 가물치를 소탕하기 위해 저수지의 물을 모두 뺀 뒤에 독약을 살포하고, 전기충격장치까지도 사용했습니다.

2002년에는 미국의 한 연못에서 가물치가 발견되자 연못의 물을 싹 다 빼버린 일도 있었습니다. 이런 일들이 일어난 이후에 가물치는 미국, 캐나다 사람들에게 스네이크 헤드(snake head, 뱀 대가리)라고 불리기 시작했

전기충격기로 외래종 잉어를 퇴치하는 장면

습니다. 뱀 대가리라는 이름에서도 느껴지듯이 가물치를 얼마나 부정적인 시선으로 보고 있는지 알 수 있습니다. 일본 역시 1923년 일제 강점기에 조선으로부터 유입된 가물치(カムルチー, 가무루지) 때문에 생태계가 끙끙 앓고 있는데, 현재 일본 대부분의 평야지대에 살며 토종어종을 미친 듯이 잡아먹고 있어 상황이 아주 심각한 것으로 보입니다.

가물치에 대한 사람들의 관심이 점점 높아지자 캐나다에서는 물 밖에서도 살 수 있는 돌연변이 거대 가물치가 사람들을 습격하는 『가물치의 테러(Snake head Terror)』라는 영화가, 미국에선 가

유튜브 동영상 QR
The Attack of the Jumping Asian Carp
북아메리카 외래종 잉어들이 점프를 하면서 사람들이 잉어에게 얻어맞는 동영상입니다.

가물치

물치 괴물이 등장하는 『프랑켄피쉬(Frankenfish)』라는 영화가 제작된 적도 있습니다. 북아메리카에 사는 사람들이 가물치를 얼마나 무섭게 생각하고 있는지 보여주는 것 같습니다.

우리나라에 서식하는 종이 외래종이 된 경우는 가물치 외에도 잉어가 있습니다. 잉어는 우리나라 사람들에게는 좋은 보약으로 활용되고 있지만, 미국과 유럽에서는 생태계를 교란하는 외래종으로 알려져 있습니다. 적응력과 번식력이 워낙 좋기 때문에 우리나라의 배스나 블루길처럼 특정 지역에서는 우점종으로 출현하기도 합니다. 그래서 미국과 캐나다 정부는 외래종 잉어의 수를 줄이기 위해 공동연구를 진행하고 있고, 전기충격장치나 그물로 잉어를 잡아들이고 있습니다.

특히 미국의 경우 잉어 때문에 집행되는 예산만 해도 한 해에 600억 원에 달한다고 합니다. 또, 잉어의 수를 줄이기 위해 '잉어 버거'라는 새

로운 요리를 개발하여 시카고 요리대회에서 사람들에게 무료로 나눠준 적도 있습니다. 잉어 버거라니, 상당히 맛없는 요리일 것 같지만 먹어 본 사람들에 따르면 맛이 아주 좋았다고 합니다. 최근에는 잉어 요리를 빈민가정에 전달하는 행사도 진행되고 있습니다.

유튜브 동영상 QR
Snakehead vs 8 inch Bass
배스와 가물치를 합사시킨 동영상입니다. 배스가 가물치에게 처참하게 당하고 맙니다.

외래종은 다른 나라와 교류를 하는 국가라면 들어와 있고, 지금도 전 세계적으로 퍼져 생태계를 위협하고 있다는 사실을 알 수 있습니다. 외래종들은 이미 세계 각국에 엄청난 경제적 손실을 낸 만큼, 지금부터라도 더 이상의 외래종이 유입되지 않도록 많은 노력을 기울여야 하겠습니다.

외래종이라고 하여 무조건 나쁘게 생각하시는 분들이 많지만 외래종 유입의 근본적인 원인은 사람에게 있습니다. 외래종들은 사람들의 생태계 관리의 소홀함과 무지로 인해 유입된 것입니다. 외래종들이 토종 생물들을 닥치는 대로 잡아먹는다고 해서 잡아들이는 것도 어찌 보면 적반하장입니다. 외래종들은 단지 낯선 환경에 적응하는 과정에서 토종 생물들을 잡아먹는 것만이 자신들이 생존할 수 있는 유일한 방법이기 때문입니다.

외래종들은 사람들에 의해 고향을 떠나서 먼 거리를 이동하게 된 후, 단지 살기 위해 다른 생물들을 잡아먹는다는 이유로 사람들에게 포획되는 고통을 겪고 있습니다.

08 흡혈 물고기 칠성장어와 눈 없는 물고기 다묵장어

어류의 조상

갑주어는 매우 원시적인 척추동물이자 위아래 턱이 모두 없는 무악류로, 지금으로부터 약 4억 8천만 년 전에 등장한 현존하는 어류들의 조상입니다. 전신이 튼튼한 비늘로 덮여서 '갑주어'라는 이름이 붙여졌습니다. 갑주어는 약 1억 2천만 년 간 지구상에 군림하다가, 약 3억 6천만 년 전에 멸종하게 됩니다.

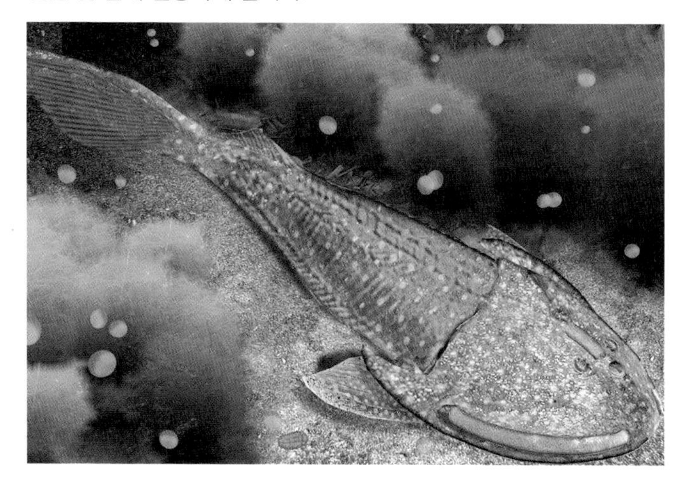

4억 8천만 년 전에 등장한 갑주어는 턱이 없는 무악류!
그렇다면, 현존하는 무악류는?

우리나라에 서식하는 흡혈생물은 어떤 종이 있을까요? 일단 모두가 아는 여름의 불청객인 모기와 민물에 살며 동물이나 곤충의 피를 빨아먹으며 사는 거머리가 있습니다. 그 외에도 동굴이나 폐광에 서식하는 흡혈박

칠성장어 입

쥐도 있습니다. 페스트 등의 전염병을 옮기는 벼룩도 흡혈 생물입니다. 그런데 우리나라에는 아마존에 서식하는 칸디루(18쪽 참고)같은 흡혈 물고기는 없을까요? 놀랍겠지만, 있습니다. 바로 칠성장어라는 물고기입니다. 몸의 옆면에 7쌍의 아가미구멍이 있다고 하여 칠성장어라는 이름이 붙여졌습니다.

칠성장어는 칠성장어과에 속하는 어류로, 턱이 없는 무악류이자 입이 둥근 원구류입니다. 무악류는 원래 지금으로부터 약 4~5억 년 전에 탄생한 초기 어류이고, 원구류 역시 척추동물 중 가장 진화가 덜 된 하등한 무리이기 때문에 칠성장어는 어류들 중에서도 진화가 거의 되지 않은 종으로 꼽힙니다. 실제로 3억 6천만 년 전에 서식했던 칠성장어가 화석을 통해 발견된 적도 있습니다. 이 화석에서 제일 놀라운 점은 3억 6천만 년 전의 칠성장어가 현재 서식하고 있는 칠성장어와 차이가 거의 없다는 것입니다. 즉, 칠성장어는 3억 6천만 년 전부터 거의 진화를 하지 않고 태고의

칠성장어의 기생

모습을 간직해온 진정한 고대어라고 할 수 있습니다.

칠성장어는 평생 흡혈활동만 하며 서식하는 어류는 아닙니다. 칠성장어는 약 6~7년 정도를 사는데, 이 중 흡혈활동을 하는 시기는 2~3년뿐입니다. 칠성장어는 갓 태어난 유생일 때에는 강물에 살면서 흡혈활동을 하지 않고 하천의 펄 속에서 돌바닥에 붙어 있는 조류나 유기물을 먹으며 약 4년 동안 생활합니다. 유생시기를 끝마치면 변태를 하고 바다로 내려가 2~3년간의 흡혈활동을 시작하게 됩니다.

바다에서 새로운 삶을 시작하게 된 칠성장어는 자기보다 몸집이 큰 물고기를 찾아 여기저기를 돌아다니며, 물고기의 몸에 달라붙어 피와 체액을 빨아먹습니다. 칠성장어의 입천장과 혓바닥에는 '각질치'라 불리는 작은 이빨과 빨판이 있어 다른 물고기의 몸에 이빨을 이용해 상처를 내고 찰싹 달라붙을 수 있습니다. 이렇게 바다에서 약 2~3년 동안 다른 물고기의 몸에 기생하며 바다에서 산 칠성장어는, 자신이 태어난 강으로 다시

칠성장어 요리

칠성장어는 다른 물고기들의 몸에 기생하며 피와 체액을 빨아먹으며 산다는 점에서 식용 물고기와는 거리가 멀어 보이지만, 유럽에서는 칠성장어 요리가 상당한 인기를 누리고 있습니다. 특히 포르투갈과 스페인, 프랑스 일부 지방에서는 칠성장어를 즐겨 먹는 곳이 많고, '칠성장어 마을'이라 불리며 매년 칠성장어 요리 축제가 열리는 곳도 있다고 합니다.

영국의 왕이었던 헨리 1세가 가장 즐겨먹던 요리는 칠성장어였는데, 칠성장어를 너무 많이 먹어서 식중독으로 사망했다는 기록도 있습니다.

거슬러 올라가서 알을 낳고 숨을 거두게 됩니다. 연어와 같은 회귀성 어류로, 연어가 알을 낳기 위해 강으로 회귀할 때 연어의 몸에 붙어 기생하던 칠성장어도 본의 아니게 회귀해서 알을 낳는 경우도 자주 있습니다.

로마시대에는 칠성장어의 흡혈본능을 이용해서 큰 실수를 저지른 노예가 생기면 노예의 손목을 잘라 칠성장어의 양식장에 집어넣어 죽인 적도 있었다고 합니다. 로마시대에 칠성장어 양식장이 있다는 것만 봐도 칠성장어가 과거부터 식재료로 인기가 높았다는 사실을 알 수 있습니다. 칠성장어는 실제로 비타민 A도 많이 함유되어 있어서 만성피로나 야맹증에도 특효라고 합니다. 또한 암이나 성인병을 예방해 주고, 노화를 방지하는 데에도 도움을 도움을 준다고 합니다.

칠성장어는 수가 많지만 않다면 사람들에게 그리 위험하지도 않습니다. 로마시대에 노예를 칠성장어 양식장에 집어넣어 죽일 수 있었던 것은, 양식장에 칠성장어의 수가 워낙 많았기 때문이었을 겁니다. 칠성장어에 물려본 사람들의 경험에 따르면 조금 아프기는 하지만 큰 상처를 입지는 않고, 몇 분 정도만 지나면 저절로 떨어져 나간다고 합니다.

다만, 칠성장어에 물린 사람이 겁이 나서 억지로 잡아뗄 경우가 더 위험하다고 합니다. 칠성장어의 흡착력이 워낙 대단하다 보니 물고 있는 살이 통째로 벗겨지거나 뜯겨나갈 수 있기 때문입니다. 만약 칠성장어에게

다묵장어 성체

물렸을 경우에는 물린 사람을 빨리 안정시키고 칠성장어를 막대기 등으로 제거하거나 칠성장어의 머리를 수건 등으로 감싸서 꾹 누르면 큰 상처 없이 쉽게 뗄 수 있다고 합니다.

이런 독특한 습성을 가진 칠성장어는 전 세계적으로 약 40종이 분포하고 있습니다. 우리나라에서는 동해로 흐르는 강에 주로 서식하고 있지만, 최근엔 강에 인공구조물을 설치하면서 칠성장어들이 강을 거슬러 올라가지 못해 번식을 못하게 되는 상황이 자주 발생하면서 현재, 멸종위기종으로 지정되어 보호받고 있습니다.

우리나라에는 칠성장어와 완전히 똑같이 생긴 민물고기도 있는데, 바로 다묵장어입니다. 다묵장어는 칠성장어과에 속하는 칠성장어의 일종으로, 몸길이가 약 40~50cm 정도인 칠성장어보다 2~3배 더 작은 15~20cm 정도입니다. 몸의 옆면에 7쌍의 아가미구멍도 가지고 있고 턱이 없는 무악류이자, 입이 둥근 원구류입니다. 크기를 제외하면 겉모습이

칠성장어와 별로 다를 게 없습니다.

하지만 2년간 바다에서 흡혈활동을 하는 칠성장어와는 달리 평생을 민물에서 지내며, 흡혈활동을 하지도 않고 평생을 유기물이나 조류를 먹으며 생활합니다. 우리나라, 일본, 중국, 시베리아에 분포하고 있는데, 우리나라 하천에는 거의 모습을 보이지 않기 때문에 현재 멸종위기종으로 지정되어 보호받고 있습니다.

다묵장어의 생활사는 참 독특합니다. 약 3년 정도를 유생생활을 하는데 유생생활을 하는 동안에는 눈이 피부에 파묻혀 있어 아무것도 볼 수 없습니다. 유생생활을 마치고 성체가 되면 시각능력을 갖추게 되기는 하지만, 이때에는 또 아무것도 먹지 않습니다. 다묵장어가 성체로 생활하는 시기가 약 6개월 정도니 6개월 동안이나 아무것도 먹지 않고 생활하는 셈입니다. 사람은 333법칙에 따라 음식 없이 3주 이상은 못 버티는데 정

태평양칠성장어 아가미

말 대단하다고 할 수 있습니다. 아무것도 먹지 않은 다묵장어는 짝짓기를 끝내고 알을 낳게 되면 힘이 빠져 목숨을 잃게 됩니다.

우리나라에서는 멸종위기종으로 불리며 귀한 대접을 받고 있는 2종의 칠성장어들! 그런데 칠성장어가 북아메리카 오대호에서는 생태계 교란종으로 불리며 골칫거리라고 합니다. 오대호의 칠성장어는 1800년대에 운하가 건설되어 유입되면서 다른 어류들의 몸에 기생하며 어류 3종을 멸종시키기까지 했다고 합니다.

현재 미국과 캐나다 정부는 오대호의 칠성장어를 퇴치하기 위해 매년 1천만 달러의 돈을 쏟아부을 정도라고 하니, 오대호에 있는 칠성장어가 얼마나 생태계

생존을 위한 333법칙

인간이 살아남기 위해 꼭 필요한 요소로는 크게 산소, 물, 음식이라고 할 수 있습니다. 사람의 건강상태에 따라 약간의 차이가 있겠지만, 산소 없이 3분, 물 없이 3일, 음식 없이 3주 이상은 버틸 수 없다는 것이 바로 333법칙입니다.

에 크나큰 악영향을 끼치고 있는지 알 수 있습니다.

이렇게 보니 우리나라의 칠성장어와 북아메리카 오대호의 칠성장어가 너무 극명하게 대조되는데, 역시 모든 생물은 서식지를 옮기지 않고, 본래 그대로 있을 때가 가장 가치 있는 것 같습니다.

09 우리나라의 북방계 민물고기들

온수성 어류와 냉수성 어류

우리나라에 분포하고 있는 민물고기들을 2가지로 분류하면 온수성 어류와 냉수성 어류로 분류됩니다. 온수성 어류들은 따뜻한 물에 주로 서식하는 어류들이고, 냉수성 어류들은 찬물에만 주로 서식하는 어류들입니다. 그중 과거 고 아무르강으로부터 유래한 북방계 어류들은 주로 찬물에만 서식할 수 있는 냉수성 어류들입니다.

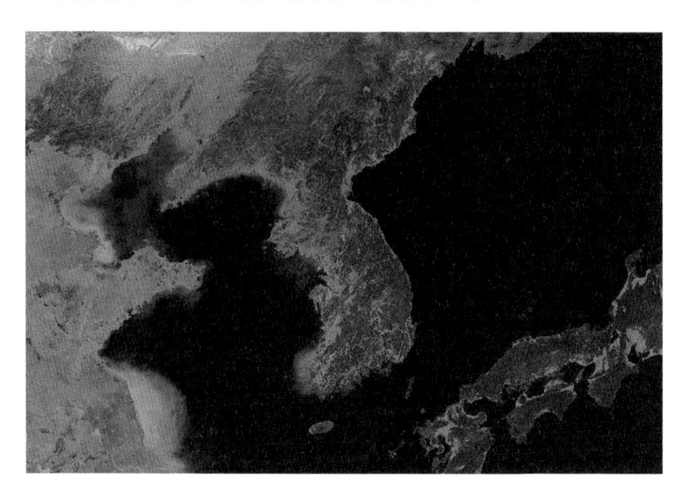

지구온난화와 환경오염으로 사라져가는
우리나라의 북방계 어류들에 대해 알아봅시다!

우리나라는 작은 국토에 비하면 독립된 하천이 많은 편입니다. 하천이 많은 덕분에 60종의 국내 고유종과 12종의 외래종을 포함하면, 약 212종이나 되는 다양한 종류의 민물고기가 서식하고 있습니다. 중국에 약 1,000종의 민물고기가 서식하고 있긴 하지만, 우리나라 국토가 중국에 비해 40배 이상 좁은 것을 감안하면 절대로 적은 종류가 아닙니다.

우리나라의 작은 국토에 비해 많은 종류의 민물고기가 살 수 있게 된 이유가 뭘까요? 그것은 바로 지금으로부터 약 1만 년 전, 한반도에서 백두대간을 경계로 '고 황허강'과 '고 아무르강'이라 부르는 거대한 2개의 수계가 모두 흘렀었기 때문입니다. 1만 년 전에는 빙하기가 마지막으로 있었던 시기였기 때문에 현재보다 해수면이 높아서 지금의 황해와 동중국해는 바다가 아닌 육지였고, 이곳에 '고 황허강'이라는 거대한 강이 흐르고 있었습니다. 현재 황해로 흐르는 크고 작은 강들을 모두 아울렀을 정도의 엄청난 규모였다고 합니다.

황해와 동중국해가 육지였을 때, 동해는 바다가 아닌 담수호였습니다. 그래서 현재 연해주에서 동해로 흐르는 강과 우리나라에서 동해로 흐르고 있는 하천들이 모두 동해 담수호로 흘렀었습니다. 과거에는 이렇게 동해 담수호를 중심으로 서로 연결되어 있는 하천들을 '고 아무르강 수계'라 불렀습니다.

하지만 빙하기가 곧 끝나고 해수면은 높아져서 황해와 동중국해는 지금처럼 바다가 되었고, 동해의 담수호도 마찬가지로 태평양과 연결되면서 바다가 되었습니다. 그 후 과거 고 황허강과 고 아무르강 수계로 하나로 이어져 있던 강들은 모두 분리되어 현재의 모습을 갖추게 되었습니다.

그 결과 과거 고 황허강의 지류였던 강에는 남방계 어류와 중국계 어류가 분포하게 되었고, 고 아무르강의 수계에 속해서 동해의 담수호로 흘렀던 강에는 북방계 어류가 분포하게 됩니다. 이렇게 유입된 어종들이 한반도 지역에만 살 수 있게 되면서 우리나라의 환경에 적응하기 위해 차츰 진화해 나갔고, 종 분화도 발생하여 다양한 고유종들이 생겨났습니다.

그중 과거 고 아무르강의 수계였기 때문에 현재 북방계 어류가 살고 있는 강은 대부분 함경남도, 함경북도, 강원도에서 동해로 흐르는 하천으로, 지금 우리나라에서의 입지는 매우 좁은 상태입니다. 백두대간이 동해 방향으로 너무 치우쳐 있어 강의 수가 적고, 강의 길이도 매우 짧기 때문에 우리나라에서 북방계 어류는 남방계 어류와 중국계 어류보다 보기가 힘듭니다. 가시고기, 둑중개, 북방종개, 산천어, 빙어, 열목어, 금강모치, 연준모치 등의 일부 어류들을 제외하면 대부분 남방계, 중국계의 온수성 어류가 대부분을 차지하고 있습니다.

최근에는 안 그래도 좁은 국내 북방계 어류들의 입지가 더욱 좁아지기 시작했습니다. 지구온난화로 인해 수온이 따뜻해지면서 찬물에만 주로 서식할 수 있는 북방계 어류들이 더 이상 살 수 없게 된 것입니다. 여기에 환경오염 문제와 하천 개발 활동이 겹치면서, 북방계 어류들은 점점 우리나라에서 입지를 잃어가게 됩니다. 그래서 현재 남방계 어류와 중국계 어류들보다는 북방계 어류들이 멸종위기종의 타이틀을 더 많이 달고 있는 상황입니다.

비록 우리나라에서는 많이 서식하지 않기 때문에 친숙하지 못한 물고기들이지만, 극진한 자식 사랑으로 우리에게 감동을 안겨 주는 어류들도 있으며, 축제를 통해 잘 알려진 종도 있습니다. 최근에는 몇몇 북방계 어류들의 서식지를 천연기념물로 지정해서 많이 알리고, 보호에도 힘쓰고 있습니다.

그중에 가시고기와 둑중개는 극진한 부성애로 유명한 북방계 민물고기들입니다. 특히 가시고기는 조창인의 소설『가시고기』출간 이후로 부성애를 대표하는 종으로 자리 잡기도 했습니다. 원래 조류나 포유류 같은 동물들은 부성애보다는 모성애가 더 강하지만, 어류의 경우에는 부성애가 더 강합니다. 둑중개와 가시고기 외에도 다른 동물들을 위협하기 위해

소리를 내면서 알을 지키는 동사리, 굴 속에서 알을 지키며 한시도 굴 밖을 떠나지 않는 밀어까지, 자신의 자식들을 보호하는 물고기들은 대부분 수컷입니다.

어류가 부성애가 더 강한 데에는 이유가 있습니다. 일반적으로 부성애가 더 강한가, 모성애가 더 강한가의 여부는 암컷과 수컷 중 누가 먼저 생식세포(정자, 난자)를 배출하느냐에 따라 결정됩니다. 생식세포를 먼저 제공한 암컷 또는 수컷이 자손을 돌보는 번거로움으로부터 벗어날 수 있고, 반대쪽 성을 가진 짝이 자손을 돌봐야 하는 중대한 책임을 맡게 됩니다. 생식세포를 먼저 제공한 개체는 반대쪽 성을 가진 짝이 수정을 하는 사이 자신의 자손을 돌보는 번거로움으로부터 벗어날 수 있는 시간이 충분히 있기 때문입니다.

그래서 조류와 포유류는 체내수정을 통해 수컷이 먼저 정자를 배출하여 암컷에게 제공하기 때문에 모성애가 더 강하고, 어류는 체외수정을 위

잔가시고기

해 암컷이 먼저 난자를 배출하고 수컷이 수정을 하는 사이 암컷은 도망가기 때문에 부성애가 더 강합니다.

북방계 어류 가시고기는 다른 어류들보다도 헌신적인 부성애를 보여주기 때문에 부성애의 상징으로도 불립니다. '가시고기'라는 이름은 '기조'라고 불리는 뾰족한 가시가 등 쪽에 여러 개 튀어나와 있다고 하여 붙여진 것입니다. 세계적으로 약 260여 종이 분포하는데, 그중 5종이 우리나라에서 동해안으로 흐르는 하천 중류에 주로 서식하고 있습니다.

가시고기의 산란기는 종마다 조금씩 차이를 보이지만, 대체로 3월에서 7월 사이입니다. 산란기가 되면 가시고기 수컷은 붉고 푸른색의 산란색이 올라오고, 지푸라기를 긁어모아 작은 둥지를 짓기 시작합니다. 알과 치어들을 돌볼 보금자리를 만드는 것입니다. 이렇게 둥지를 다 완성하면 산란색으로 암컷을 유혹해서 짝을 찾고, 짝짓기를 하게 됩니다. 하지만 산란을 마친 암컷은 바로 수컷의 곁을 떠나고 근방에서 목숨을 잃게 됩

둑중개

니다.

암컷이 목숨을 잃은 상황에서, 수컷은 이제 혼자서 자신의 자손을 돌봐야 하는 운명에 직면하게 됩니다. 수컷은 둥지 속에서 알들에게 산소를 제공하기 위해 입과 지느러미를 계속 흔들며 물살을 일으키고, 자신의 알을 잡아먹으려는 다른 물고기가 나타나면 알을 지키기 위해 목숨을 걸고 싸우기도 합니다. 알에서 치어가 태어날 때까지 약 1주일이 걸리는데, 가시고기 수컷은 이 기간 동안 아무것도 먹지 않습니다.

결국 치어들이 태어날 즈음이 되면, 가시고기 수컷은 일주일 전의 아름다웠던 산란색은 완전히 사라져 버리고 삐쩍 마른 상태로 쓸쓸한 죽음을 맞이하게 됩니다. 치어들은 수컷의 시체를 뜯어먹으며 성장해서 제 갈 길을 홀연히 떠나 버립니다.

가시고기 외에 둑중개도 북방계 어류이자 부성애가 매우 높은 민물고기입니다. 3~4월이 되면 둑중개 수컷은 큰 돌 밑에 작은 보금자리를 만들어 암컷을 유인합니다. 한창 예민할 시기이기 때문에 암컷이 아닌 수컷

송어

이나 다른 물고기가 일정 반경 내에 자신에게 접근하면 주둥이로 공격해서 쫓아내 버립니다. 암컷과 수컷이 돌 밑의 보금자리로 들어가게 되면 짝짓기가 시작되는데, 짝짓기를 마친 수컷은 암컷마저도 내쫓아 버리고, 다른 암컷들을 다시 받아들여 짝짓기를 지속합니다. 둑중개 수컷이 힘이 강하고 크기가 큰 개체일수록 더욱 많은 암컷과 짝짓기를 해서 많은 알을 가지게 됩니다.

이렇게 짝짓기와 산란을 마친 둑중개 수컷은 지느러미를 흔들어 물살을 일으켜서 알에게 산소를 제공해주고, 알에 이물질이 낄세라 입을 이용해서 깨끗하게 닦아내주기도 합니다. 다른 물고기들이 자신의 알을 먹으려 하면 알을 지키기 위해 주둥이로 공격해서 쫓아냅니다. 아무리 배가 고파도 절대로 알 곁을 떠나지 않고 알 보금자리 주변만 맴돌며 먹잇감을 잡아먹습니다.

하지만 자신이 보호하고 있는 알 보금자리 주변에 먹잇감이 너무 부족하다고 판단되면, 자신의 알들을 잡아먹기도 합니다. 둑중개가 먹잇감을

구하기 위해 알 보금자리를 떠나버리면 알들을 모두 잃게 될 수도 있습니다. 그래서 알도 살려야 하고, 자신도 살아야 하는 길로 최소한의 알만 잡아먹는 방식을 택한 거라 할 수 있습니다.

북방계 어류는 부성애 외에도 축제를 통해서 많은 분들에게 잘 알려지기도 했는데, 대표적인 경우가 바로 산천어, 빙어 축제입니다. 산천어와 빙어는 바다에서 살다가 산란기가 되면 강으로 올라와 알을 낳는 회귀본능이 있어 민물에 적응하게 된 어류들입니다. 산천어와 함께 연어과에 속하는 연어는 회귀성 어류들을 대표하는 종이기도 합니다. 그중에 빙어는 특이하게도 자연적으로 민물에 적응하게 된 종이 아니라, 일제시대 때 일본인에 의해 호수에 갇히게 되면서 인위적으로 민물에만 살 수 있도록 적응하게 된 종입니다.

인위적으로 민물고기가 된 빙어에 반해, 산천어는 회귀본능을 가진 송어가 강에다 알을 낳고, 그 알에서 태어난 송어가 강에만 계속 머무르게 되었을 때 부르는 명칭입니다. 그래서 산천어는 송어와 엄연히 같은 종이고, 서로 교미도 가능하지만 산천어는 송어와는 대조적으로 자신이 태어난 강 상류나 최상류에만 서식하는 생태적 차이점이 존재합니다. 강 상류보다는 바다에 먹이가 훨씬 더 풍부하기 때문에 산천어는 송어에 비해 크기가 약 1/3 정도 더 작습니다.

그래서 산천어는 대부분 송어의 수컷입니다. 만약 암컷이 강에 살면서 작은 크기로 자라게 되면 알을 많이 낳을 수 없어 종족유지가 힘들어질 수도 있기 때문입니다. 송어의 수컷은 암컷에게 정자만 제공해주면 되기 때문에 굳이 몸집을 크게 불릴 필요가 없어서 먹이가 풍부한 바다까지 내려갈 필요가 없습니다. 산천어는 송어의 산란지역인 강에서만 살다가, 산란기가 되면 바다에서 강으로 올라온 송어 암컷이 산천어 수컷과 바로 교잡을 할 수 있습니다. 덕분에 산천어는 강과 바다를 회유하는 수고를 덜 수 있는 겁니다.

유튜브 동영상 QR
제14회 인제 빙어축제 개막
강원도 인제에서 열리는 빙어축제에 관한 동영상입니다.

유튜브 동영상 QR
[문화체육관광부] 화천 산천어 축제에 다녀 오다!
강원도 화천에서 열리는 산천어 축제에 관한 동영상입니다.

빙어는 사실 바닷물고기

빙어는 호수에 주로 서식하는 민물고기로 잘 알려져 있지만, 사실 연안 바다에 살고 산란기에만 강으로 올라오는 회귀성 어류입니다. 그래서 차가운 물에만 살 수 있는 냉수성 어류임에도 북방계 어류에 속하지는 않습니다.
그럼에도 불구하고 빙어가 민물고기처럼 민물생태계에 서식하게 된 이유는 바로 일제강점기였던 1925년경 일본인이 함경남도 용흥강에서 빙어의 알을 채취하여 국내 일부 지역의 호수에 방류했기 때문입니다. 예나 지금이나 우리나라의 빙어는 일본인에게 인기가 높았기에, 호수에 빙어를 방류해서 더욱 쉽게 잡을 수 있도록 했습니다. 그 결과, 바다로 갈 수 없게 된 호수의 빙어들은 곧 호수생태계에 적응하고 완벽히 자리를 잡게 됩니다.

열목어

연어과에 속하는 북방계 어류는 산천어 외에도 한 종 더 있는데, 바로 열목어입니다. 눈에 열이 많기 때문에 '열목어'라는 이름이 붙여졌고, 그 열을 식히기 위해 찬물에 서식한다는 말도 있습니다. 주로 작은 물고기나 수서곤충, 물에 떨어지는 곤충 등을 잡아먹으며, 동해안으로 흐르는 하천 중에서도 매우 깨끗한 하천에서만 살 수 있습니다.

우리나라의 열목어 서식지는 천연기념물로 지정되어 있습니다. 그래서 열목어가 서식하는 지역에서는 함부로 동물 또는 식물을 잡거나, 아예 접근하는 것이 금지되어 있는 상황입니다. 열목어가 서식한다는 것은 열목어가 잡아먹는 다양한 수서곤충, 물고기들이 분포하고 있어 하천 생태계의 균형이 잘 이루어져 있다는 것을 의미하고, 세계적인 열목어 분포 지역의 남방 한계선이여서 생물학적으로도 의미가 크기 때문입니다.

산업화가 시작되기 전만 해도, 열목어를 강원도나 경상북도 산간의 차가운 하천에서 자주 볼 수 있었던 적도 있었습니다. 지금은 경상북도의 하천에서는 열목어가 완전히 멸종하고 강원도에서만 간간이 명맥을 유지하고 있는 것으로 보입니다. 정부에서 열목어를 멸종위기종으로 지정하여 포획 및 남획을 금지시키고 있습니다.

가시고기, 둑중개, 열목어, 산천어 등 우리나라에 분포하는 다양한 종류의 북방계 어류들은, 안타깝게도 수가 많지 않는 것에 비해서, 이 물고기들을 잡기 위해 혈안이 된 사람들은 많은 것으로 보입니다. 흔한 민물고기들보다는 드물고 희귀한 민물고기들을 잡아서 손맛을 느끼고, 요리해 먹고, 키우고 싶어 하는 것은 어쩔 수 없는 사람들의 본능일 겁니다.

지구온난화를 위한 작은 실천 10계명

1. 가까운 거리는 차대신 대중교통을 이용하고 자전거를 타거나 걸어 다닌다.
2. 종이절약을 위해 이면지를 사용한다.
3. 마트에 갈 때에는 장바구니를 가지고 다닌다.
4. 가까운 층의 높이는 엘리베이터를 타지 말고 계단으로 올라간다.
5. 사용하지 않는 콘센트는 빼 놓는다.
6. 불필요할 때에는 온수를 사용하지 않는다.
7. 종이컵을 많이 사용하지 않고 알반컵을 사용한다.
8. 에너지 효율 등급이 높은 전자제품을 사용한다.
9. 음식물 쓰레기는 화초의 퇴비로 이용한다.
10. 어린 아이들에게 자연의 중요성과 지구온난화의 심각성을 알려준다.

하지만 멸종위기에 처한 종들을 잡는 것보다는, '멸종위기종'이라는 불명예를 먼저 씻어내기 위해 생물 보존에 기여할 수 있는 작은 일에 참여하는 것이 미래를 위해서라도 더 낫지 않을까 하는 생각이 듭니다. 멸종위기에 처한 생물들을 함부로 잡지 않고, 서식지를 파괴하지 않고, 지구온난화를 막을 수 있는 작은 실천들만으로도 분명히 멸종위기종이라는 불명예는 쉽게 씻어낼 수 있을 것입니다. 그렇게 되면 우리들은 아무런 법적 규제 없이 과거에 희귀종이었던 민물고기들을 잡아 어항에 기를 수도 있고, 손맛을 느낄 수도 있으며, 맛있는 요리를 해먹을 수 있는 날이 오게 됩니다.

10 논 생태계의 지배자 미꾸라지와 드렁허리

성전환하는 물고기

성전환은 어류 같이 물에 사는 생물들에게 주로 나타납니다. 생식세포인 정자와 난자는 물이 있는 곳에 있어야 하기에 육상생물들의 생식기관은 복잡한 반면, 수중생물의 생식기관은 단순하기 때문입니다. 대표적인 예가 바로 영화 『니모를 찾아서』로 잘 알려진 크라운피시입니다. 크라운피시는 암컷 한 마리를 중심으로 단체생활을 하다 암컷이 죽으면 가장 강한 수컷이 암컷으로 성전환을 합니다.

우리나라에서 성전환하는
대표적인 민물고기는 드렁허리입니다.

논 생태계는 쌀을 주식으로 삼는 우리나라에서는 흔히 볼 수 있는 곳이지만 그 곳을 깊숙이 들여다보면 생물다양성의 창고입니다. 잠자리나 모기, 깔따구 같은 수서곤충들이 알을 낳는 장소이기도 하고 개구리나 도

드렁허리

롱뇽이 유생으로 있으면서 성장하는 장소이기도 합니다. 그리고 새우 같은 갑각류나 송사리, 미꾸라지, 드렁허리 같은 어류들도 많이 서식합니다. 논 생태계에 자리 잡고 있는 생물들 사이에서는 서로 잡고 잡아먹히는 복잡한 먹이사슬이 형성되어 있습니다.

논 생태계에 농약이 지속적으로 살포되거나 남획이 계속되면 대부분의 생물들이 죽어서 논 생태계가 붕괴되어 버립니다. 농약을 뿌리거나 남획을 하지 않고도 논 생태계 내 생물들의 왕성한 먹이활동을 통해 잡초와 해충을 제거하는 농법이 있는데, 이러한 농법을 친환경 농법 또는 유기농 농법이라고 부릅니다. 농약의 유해성이 입증된 최근에는 농약을 이용한 농법보다는 친환경 농법이 각광받고 있는 추세입니다.

친환경 농법이 각광받게 되면서 갑자기 주목받게 된 민물고기들이 바로 드렁허리와 미꾸라지입니다. 드렁허리와 미꾸라지는 물 밖에 서식하

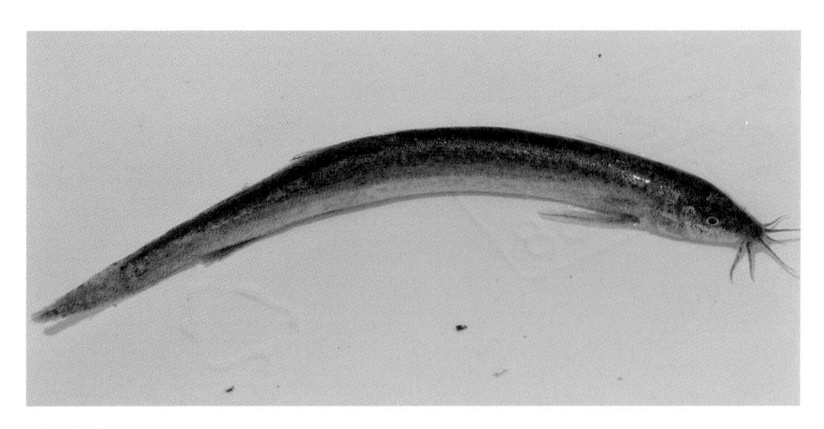

미꾸라지

는 육식성 새들이나 조류들을 제외하면, 논 생태계에서는 먹이사슬의 최상층에 속하면서 농사에 방해를 주는 해충들과 모기 유충, 깔따구 유충도 잡아먹기 때문입니다.

과거만 해도 드렁허리와 미꾸라지는 미물로 취급받던 하찮은 존재에 불과했던 민물고기였습니다. 우리에게 잘 알려진 속담 중에서 하찮은 사람이 크게 성공한 것을 의미하는 "미꾸라지 용 됐다." 또는 한 사람의 잘못으로 여러 사람이 피해를 입는 것을 의미하는 "미꾸라지 한 마리가 온 웅덩이 물을 흐려 놓는다."만 봐도 알 수 있습니다.

드렁허리나 미꾸라지와 관련된 역사서를 봐도 좁고 더러운 물에 살면서 흙탕물이나 일으키는 하찮은 미물 따위로 표현되어 있습니다. 어떤 역사서에는 드렁허리가 '뱀이 변해서 물에서 살게 된 민물고기'라고 묘사하고 있고, '드렁허리'라는 이름도 드렁허리가 논두렁을 헐어버려 논물을 다 빼 버리는 사고도 발생했기 때문에 '논두렁헐이'라는 이름으로부터 유래한 것이라고 합니다. 드렁허리는 크기가 50cm에 달하고 최대 1m까지 자라는 거대한 민물고기이기 때문에 논두렁은 어렵지 않게 헐어버릴 수 있습니다. 만약 농수 공급원인 수로가 발달하지 못했던 시절, 가뭄이 발생했을 때 드렁허리에 의해 논두렁이 무너져 얼마 남지 않은 물들마저 다 빠져 버렸다면? 아마도 드렁허리는 농사꾼들에게 매우 끔찍한 존재였을 겁니다.

하찮게 취급받던 미꾸라지와 드렁허리가 갑자기 주목받기 시작한 때는 농약이나 남획으로 인해 그 수가 이미 급격히 감소한 후였습니다. 그래서 드렁허리와 미꾸라지는 순식간에 '귀한 몸'으로 취급받기 시작했고, 미꾸라지보다 수질에 훨씬 민감한 드렁허리의 경우에는 대부분 논에서 모습을 감춰 '희귀 민물고기'라는 명칭을 가지게 되었습니다. 미꾸라지는 중국이나 동남아로부터 치어를 수입해 방류하기 시작했습니다. 수가 많았을 때는 하찮다가 수가 줄어들은 후에야 대접받기 시작하다니 참 아이러니합니다.

우리나라보다 친환경 농법이 상용화되어 있는 중국의 경우에는 벼농사를 할 때 드렁허리, 미꾸라지뿐 아니라 우렁이, 민물 게까지 함께 자랄 수 있도록 한다고 합니다. 이렇게 되면 사람들이 농약을 구입하는데 돈을 많이 쓸 필요가 없고, 벼 수확 후 드렁허리나 미꾸라지, 우렁이, 민물 게도 식용으로 사용해 높은 부가가치를 창출해 낼 수 있기 때문입니다. 특히 미꾸라지 치어의 경우는 성장속도가 빨라 3개월만 지나면 식용이 가능해지며, 드렁허리와 함께 약용으로도 매우 가치가 높다고 합니다.

성전환하는 민물고기 드렁허리

드렁허리는 민물고기로서는 드물게 성전환을 하는 어류로도 잘 알려져 있습니다. 태어날 때에는 모두 암컷이지만, 40cm 이상 성장하면 수컷으로 성전환을 하게 됩니다. 암컷이 몸집이 클수록 더욱 많은 양의 알을 낳을 수 있는데도 불구하고 40cm 이상 성장하면 수컷이 되는 이유는 수컷이 알을 보호해야 하기 때문입니다. 어류는 모성애가 없고 부성애가 더 강하다는 사실은 앞에서 이미 설명한 바 있습니다. 무작정 알을 많이 낳는 것보다는, 알을 적게 낳더라도 몸집이 크고 힘이 강한 수컷이 알을 보호하는 것이 종족번식에 더욱 유리하다는 사실을 진화를 통해 깨달은 겁니다.

우리나라의 경우를 보면, 미꾸라지는 예로부터 추어탕 같은 보양식이나 찜으로 조리되어 식탁에 올라왔던 음식이었습니다. 미꾸라지는 다른 동물들에게는 보기 힘든 비타민A가 많아 피부를 튼튼하게 하고 눈 건강을 좋게 해줍니다. 또한 청소년기 성장을 도와주면서 뼈 질환을 예방해주는 칼슘도 많이 함유되어 있다고 합니다. 뿐만 아니라, 예로부터 정력을 강화시켜 주는 음식으로도 각광받아 왔습니다.

드렁허리도 삼국시대부터 귀한 어종으로 취급받아 왔습니다. 신라의 경우에는 백제, 고구려, 중국으로부터 사신이 오면 드렁허리를 선물했다고 합니다. 중국의 역사서에는 신라 서라벌 인근에서 나오는 드렁허리가 약재로서 인기가 굉장히 높았다고 쓰여 있습니다. 조선시대에 허준이 쓴 『동의보감』에서는 드렁허리가 류마티스 관절염에 효능이 있으며, 혈당을 낮춰주기 때문에 당뇨병에도 특효가 있다고 기재되어 있습니다.

최근 발표된 자료에 따르면, 드렁허리는 세포막이나 뇌세포를 구성하는 다량의 DHA와 레시틴도 함유하고 있다고 합니다. 레시틴의 경우에는 기억력을 향상시키는데 도움을 준다는 사실이 밝혀진 바 있어서, 동남아나 중국에서는 현재까지도 드렁허리가 약재로서 수입, 수출되고 있는 추세입니다.

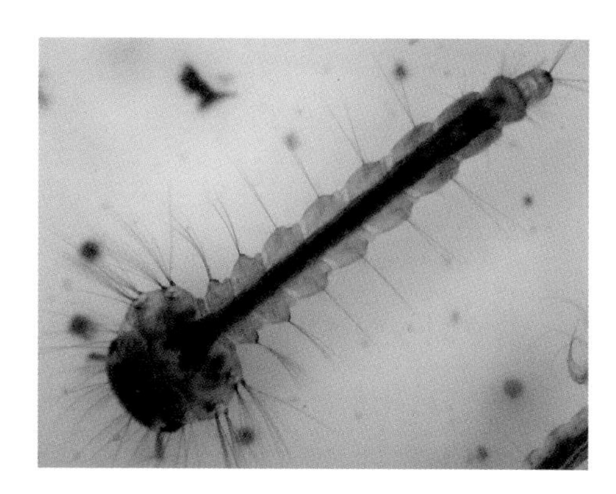

모기 유충

그리고 최근에는 한국산 미꾸라지가 모기를 퇴치하는 데에 엄청난 효과가 있다는 사실이 알려져 새롭게 주목받고 있습니다. 친환경 농법이 진행되고 있는 논에 미꾸라지를 방류한 결과, 하루 만에 모기 유충이 거의 사라졌다는 연구결과가 발표되었기 때문입니다. 말라리아모기로 고통을 받고 있는 일부 국가에서는 말라리아를 퇴치하기 위해, 인체에도 유해한 살충제를 사용하고 있는 상황인데, 모기 퇴치 용도로서의 미꾸라지 연구를 꾸준히 진행한다면 말라리아로부터 시달리는 사람들의 고통을 덜어주는 데 기여하게 될지도 모르겠습니다.

드렁허리와 미꾸라지가 점점 주목받고 있는 상황에서, 우리나라에서도 미꾸라지와 드렁허리가 다시 논에서 많이 살 수 있게 노력하는 것은 경제적으로도 현명한 방법이라고 봅니다. 우리나라에서는 아직도 외국에서 수입된 미꾸라지가 농업에 사용되고 있고, 드렁허리는 '희귀 민물고기' 또는 '보물'로까지 불리고 있는 상황입니다. 국산 미꾸라지는 가격이 비싸다 보니 2013년에 중국산 미꾸라지가 국산 미꾸라지로 둔갑해서 추어

탕 요리에 사용되어 큰 문제가 되었던 적도 있었습니다.

요즈음은 친환경 농법을 쓰는 농가가 점점 많아지고 논 생태계의 중요성도 점점 부각되고 있는 추세입니다. 그러므로 우리나라의 논에서도 미꾸라지와 드렁허리가 활개를 치게 될 날이 오게 될 거라 믿습니다. 그렇게 되면 미꾸라지를 수입하는 데 돈을 쓸 필요도 없고, 귀한 약재이기도 한 드렁허리를 쉽게 구할 수 있게 될 겁니다.

3장

양서·파충류

11 무시무시한 포식자 붉은귀거북과 황소개구리

붉은귀거북 vs 황소개구리

황소개구리와 붉은귀거북이 싸우면 누가 이길까요? 연구결과에 따르면 붉은귀거북은 튼튼한 등껍질로 황소개구리의 공격을 피할 수 있어서 붉은귀거북이 승리하고, 잡아먹기까지 한다고 합니다. 이는 붉은귀거북을 방류하면 황소개구리의 수를 줄일 수도 있지만, 황소개구리의 수를 줄이기 위해 붉은귀거북을 방류하는 것이 과연 좋은 방법일까요?

잘못된 외래종 방류는
생태계의 혼란을 가중시킬 뿐입니다!

1980년부터 2001년까지는 붉은귀거북을 외국으로부터 애완용으로 수입했던 시기였습니다. 그래서인지 학교 앞 문방구부터 동네 수족관까지 붉은귀거북을 팔지 않는 곳이 없었습니다. 저도 한 4살 정도에 부모님이

붉은귀거북

붉은귀거북이 2마리를 사 주셨던 기억이 납니다. 호흡기 질환을 앓고 있어서 개나 고양이를 키우고 싶어도 털이 날려서 키울 수 없었던 저에게는 정말 뜻깊은 선물이었습니다. 처음 분양받았을 때에는 통 안에 있는 거북이들과 대화를 하며 지내기도 했습니다.

그런데 어느 순간부터인가 거북이들의 식욕이 점점 왕성해져 가면서 먹이값이 많이 들기 시작했습니다. 거북이가 잘 크게 하기 위해서는 한 가지 먹이만 주지 말고 여러가지 다양한 먹이를 주어야 했습니다. 그래서 저는 아버지와 함께 인근 계곡에서 물고기를 잡아 먹이로 주면서 먹이값을 충당했지만 거북이가 빠른 속도로 성장해 가면서 저는 점점 거북이에게 관심을 가지지 않게 되었습니다. 귀여워서 관심을 가져준 건데, 어느 순간부터 그 귀염성은 사라지고 끔찍하게 물고기를 잡아먹고 있으니 결국 거북이를 다른 분에게 주었습니다.

붉은귀거북이 애완용으로 큰 인기를 끌게 된 것은, 아마도 예전부터

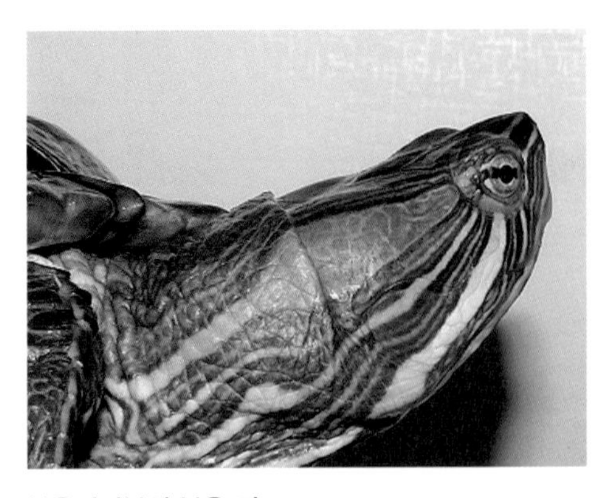

붉은귀거북의 붉은 귀

전래동화나 신화, 전설 등을 통해 신성한 존재이면서 장수와 구원의 상징성도 좋았고, 누구나 싼 값에 사 집에서 손쉽게 키울 수 있게 되어 인기를 얻은 것 같습니다. 사람들이 애완용 붉은귀거북을 구입하고 가정에서 약 2~3년 정도 키우다 보면 순식간에 골칫거리로 전락하곤 했습니다. 집에서 키우기엔 크기가 너무 커져 버렸고, 완전한 성체가 되면 겨드랑이 부분에서 지독한 냄새가 나기 때문입니다.

결국 거북을 차마 죽이지는 못한 사람들이 자연에다 방류를 하게 되고, 붉은귀거북이는 우리나라 하천에서 금방 적응을 하고 자리를 잡게 됩니다. 어찌나 적응력이 좋은지 3~4급수의 오염된 하천이나 호수에서도 붉은귀거북이 살고 있을 정도입니다. 아마 충주호나 팔당댐 등의 인공 호수나 한강을 가 보셨다면 한 번쯤 붉은귀거북을 보신 적이 있으실 겁니다.

붉은귀거북은 우리나라에 서식하는 토종 물고기, 수서곤충, 올챙이, 수서식물, 심지어는 우리나라의 대표적인 외래종 황소개구리마저 잡아먹을 정도로 성격이 포악합니다. 배스와 블루길은 쏘가리나 가물치 등 천적이 있지만 붉은귀거북은 튼튼한 등껍질이 몸을 보호해 주기 때문에 천적도 없어 우리나라의 토종거북인 남생이와 자라는 붉은귀거북의 힘에 압도적으로 밀려 서식지를 빼앗기고 그 수도 급격하게 줄어들고 맙니다.

이에 대처하기 위해 환경부에서는 2001년 이후로 붉은귀거북의 수입을 금지하기 시작했습니다. 현재는 전국 각지에 퍼져 버린 붉은귀거북의 수를 줄이기 위해 올빼미, 독수리 등 육식성 조류의 먹이로 사용하고 있습니다. 장수와 구원의 상징이었던 거북이가 20년 만에 생태계 교란종이자 골칫거리로 전락해버린 셈입니다.

황소개구리 올챙이

우리나라의 생태계를 교란시키는 파충류가 붉은귀거북이라면, 양서류로는 황소개구리가 있습니다. 황소개구리는 우리나라에서 첫 번째로 들여온 외래종이기도 합니다. 북아메리카 동부지역이 원산지로 1957년에 처음으로 식용과 과학 실험용으로 도입되기 시작했습니다.

한방에서는 개구리를 끓여 먹으면 당뇨나 폐렴에 효과가 있고, 가루를 내서 상처에 바르면 좋다는 말이 오갔던 것도 황소개구리를 퍼뜨리는 데 한몫을 했습니다. 우리나라의 작은 개구리들을 잡아서 파는 것보다는 외국의 커다란 황소개구리를 파는 것이 훨씬 이득이 많을 거라 생각한 수입업자들이 황소개구리를 수입해 가져왔습니다. 그리고 점차 우리나라에 서양의학이 보편화되어 당뇨, 폐렴, 상처 등을 치료하는 약과 치료법이 나오게 되면서 결국 황소개구리로 돈을 벌려고 했던 사람들은 모두 망하고 맙니다. 황소개구리 때문에 망한 농가는 당연히 그 황소개구리들을 자연에 방류했을 겁니다.

이런 이유로 불어난 수많은 황소개구리들이 생태계에 교란을 가져오기 시작합니다. 올챙이 때에도 수서곤충이나 소형 개구리의 올챙이를 잡아먹고, 커서는 자기 입에 들어가는 동물은 거침없이 입에 넣어 버리니

우리나라의 토종 수서생물들은 대책 없이 당할 수밖에 없었을 겁니다. 딱딱한 갑각으로 둘러싸인 가재부터 시작해서 도마뱀, 뱀, 새, 심지어는 박쥐까지 잡아먹고 생명력도 어찌나 강한지 제가 늦겨울에 논에서 미꾸라지를 잡던 도중 황소개구리 올챙이가 나올 정도였습니다.

황소라는 이름에서도 알 수 있듯이, 울음소리도 엄청나게 커서 황소개구리가 많이 사는 지역에서는 소음 때문에 주민들이 잠을 설치고 있다고 하니, 여러모로 참 맘에 안 드는 녀석입니다.

남미의 칠레에서는 해충을 죽이기 위해 아프리카에서 개구리를 수입하자, 해충이 줄어든 대신 개구리들이 발 디딜 틈이 없을 정도로 길거리를 다 덮어버린 적도 있다고 하니, 우리나라의 황소개구리는 그나마 나은 편에 속한다고 할 수 있습니다.

황소개구리에 대해서는 그나마 다행인 것이, 2002년 이후부터 그 수가 급속도로 줄어들고 있다는 것입니다. 50~60년대에는 천적도 없었는데 어느 순간부터 왜가리나 고니 같은 새가 황소개구리의 올챙이를 먹잇감으로 잡아먹고, 황소개구리를 잡아먹는 새로운 외래종인 붉은귀거북이 등장했으며, 그 외에 너구리나 부엉이, 일부 사나운 뱀이나 독사도 황소개구리를 잡아먹기 시작했다고 합니다.

또, 특정 지역에만 많은 황소개구리들 근친교배로 인해 기형이 태어나고, 먹이 부족으로 어려움을 겪게 된 것도 수가 줄어드는 데 크게 한몫했다고 합니다. 황소개구리가 인간의 관여 없이도 국내 생태계 내에서 수의 조절이 가능해지면서 생태계의 완전한 일원으로 점차 자리를 잡아가고 있다는 신호라고 할 수 있습니다.

유튜브 동영상 QR
Bullfrog Hunts. Anything!
황소개구리가 거미, 전갈, 쥐, 새 등을 잡아먹는 장면이 나옵니다.

유튜브 동영상 QR
Bullfrog Call
황소개구리의 울음소리를 들을 수 있는 동영상입니다.

황소개구리와 정력

황소개구리가 줄어들기 시작한 2002년은 인터넷이 점점 많은 사람들에게 보급되기 시작한 시기였습니다. 일부 네티즌들 사이에서는 "황소개구리는 정력에 좋다."는 소문이 퍼지면서 황소개구리의 수를 줄이는 데 크게 공헌했다는 말이 있기도 합니다. 이로 인해, 황소개구리가 정력에 좋다고 생각하시는 분도 있을거라 생각합니다.
그래서 황소개구리의 수가 많이 감소한 이후, 우리나라 네티즌 사이에서는 "우리나라에서 외래종을 없애려면 정력에 좋다는 헛소문을 퍼뜨리면 된다."는 재미있는 말이 나기도 했습니다. 황소개구리가 줄어드는 데에 실제로 정력에 대한 소문이 기여했는지, 정력에 효과가 있는지는 확실하지 않습니다. 그러나 한 가지 확실한 것은, 옛날이나 지금이나 '정력' 때문에 동물들이 사람들에 의해 잡히고, 죽임을 당해 왔다는 겁니다.

여전히 황소개구리 때문에 소음 피해를 보는 지역이 많아서 어떤 분들은 황소개구리를 잡아먹는 붉은귀거북을 방류해야 한다고 주장하고 있습니다. 만약 붉은귀거북을 외국으로부터 더 수입해서 방류하게 되면 어떻게 될지 생각해 봅시다. 황소개구리의 수가 줄어들어서 단기적인 대응으로는 효과가 있을 수 있겠지만, 붉은귀거북이는 수가 늘어나 귀한 토종 민물고기나 다른 보호종까지도 잡아먹게 됩니다. 빈대를 잡으려다 초가집을 태워버리는 것과 별다를 것이 없는 셈이라고 할 수 있습니다.

특정 피해를 줄이기 위해 생태계와 생물들을 전혀 배려하지 않고 외래종을 방류하려는 사람들의 생각은 잘못되어도 한참 잘못된 생각이라고 봅니다. 외래종의 유입 및 방류는 항상 신중하게 생각해야 할 문제이며, 잘못된 외래종의 유입은 오히려 생태계의 혼란을 가중시키고, 그 피해는 고스란히 다시 우리들에게 돌아오는 악순환이 계속될 수밖에 없다는 사실을 많은 분들이 깨달았으면 좋겠습니다.

12 친근감 넘치는 개구리 가족들

개구리 속담

- 우물 안 개구리 : 견문이 좁고 세상 물정을 모름.
- 개구리 올챙이 적 생각 못한다. : 처음부터 잘났다는 듯 행동함.
- 개구리 돌다리 건너듯 : 신중하게 하지 못하고 건성건성 함.
- 개구리 낯짝에 물 붓기 : 어떤 일을 당해도 태연함.
- 개구리 삼킨 뱀의 배 : 겉모습과는 달리 고집이 센 사람.
- 개구리도 옴쳐야 뛴다. : 일을 이루려면 준비할 시간이 있어야 함.

개구리는 속담에서도, 만화에서도, 신화에서도
항상 나오는 친숙한 동물이죠!

아마도 개구리를 모르시는 분은 없으실 겁니다. 개구리는 옛날부터 속담에서 인용되기도 하고 문학작품의 소재로도 활용되어 친근하게 접할 수 있습니다. 대표작으로 염상섭의 『표본실의 청개구리』를 통해 일제 강점시대 지식인의 고통과 고뇌를 표현하였고, 두꺼비는 『콩쥐팥쥐』라는 전래동화에서 밑 빠진 독의 구멍을 막아줘서 콩쥐를 도와주는 선한 존재로 등장하기도 합니다.

우리나라 역사에서는 부여시대 때 개구리를 닮았다고 알려져 있는 금와왕의 설화가 있고, 신라 선덕여왕 때 옥문지에서 개구리가 울자 왕이 이를 이상하게 여겨 군사를 내보내서 잠복하고 있던 백제군을 토멸했다는 기록도 있습니다. 또, 개구리를 소재로 한 다양한 애니메이션이나 노래, 영화도 꾸준히 제작되고 있어, 개구리는 사람들이 친근하게 생각하면서도 우리의 생활에 가장 가까이 다가와 있는 존재라고 할 수 있습니다.

우리나라에 서식하는 개구리목에는 개구리과, 청개구리과, 맹꽁이과, 무당개구리과, 두꺼비과로 총 5개의 과가 있습니다. 청개구리과에는 청개구리, 수원청개구리 2종이, 맹꽁이과에는 맹꽁이 1종이, 무당개구리과에는 무당개구리 1종이, 두꺼비과에는 두꺼비, 물두꺼비, 몽골참두꺼비 3종이, 개구리과에는 참개구리, 옴개구리, 금개구리 등 8종이 서식합니다. 우리나라에는 개구리목에 속하는 생물이 15종이 됩니다.

비록 다른 나라에 비하면 종의 수는 현저히 적지만, 몇십 년 전만 해도 지겨울 정도로 흔히 볼 수 있는 친숙한 생물 중의 하나가 바로 개구리였습니다. 최근에는 하천이나 웅덩이에 서식하는 올챙이의 수가 많이 줄었고 개구리도 역시 과거보다 보기 힘들어진 것 같습니다. 그 흔했던 개구리 역시 산업화의 피해를 피해갈 수 없었던 모양입니다.

국내에 서식하는 15종의 개구리 중에서도 가장 잘 알려진 종은 역시 청개구리라고 할 수 있습니다. 청개구리는 우리나라에 서식하는 개구리들 중 몸집이 가장 작고, 유일하게 나무나 풀잎에 오를 수 있는 종이기도 합니다. 다른 개구리들과는 달리 물에 잘 들어가도 않아서 'Tree frog(나무

한국에 사는 개구리들

목	과	이름	특징
개구리목 (무미목)	개구리과	참개구리	
		북방산개구리	
		한국산개구리	한국 고유종
		옴개구리	독이 있는 생물
		계곡산개구리	한국 고유종
		금개구리	한국 고유종, 멸종위기종
		중국산개구리	남한에는 없음
		황소개구리	외래종
	청개구리과	청개구리	
		수원청개구리	1980년 발견, 한국 고유종
	두꺼비과	두꺼비	독이 있는 생물
		물두꺼비	독이 있는 생물, 한국 고유종
		작은두꺼비	남한에는 없음
	맹꽁이과	맹꽁이	멸종위기종
	무당개구리과	무당개구리	독이 있는 생물

개구리)'라는 영명도 가지고 있습니다.

나뭇잎과 같은 진한 초록빛을 지니고 있고, 환경에 따라 색을 바꿀 수 있는 덕분에 나무에 올라가서 나뭇잎 사이에 숨어 있다가 벌레가 다가오면, 순식간에 혓바닥을 길게 내밀어 잡아먹는 방식으로 사냥을 합니다. 혀의 속도가 마치 활시위를 벗어난 화살과 비슷할 정도라서 청개구리에게 잡아먹힌 벌레는 저항할 시간도 없이 뱃속으로 들어가 버리고 맙니다. 역시 작은 고추가 맵다는 말이 있는 것처럼 작다고 무시하면 안 될 것 같습니다.

청개구리는 황소개구리를 제외하면 우리나라에서 가장 울음소리가 큰 개구리이기도 합니다. 5월에서 7월 밤이 되면 청개구리 수컷은 자기 몸집보다 더 크게 부풀릴 수 있는 울음주머니를 이용하여 열정적인 울음소리를 냅니다. 조용한 밤 청개구리의 울음소리를 듣고 있노라면 편안하고 향토적인 느낌도 나고, 잠자리를 준비하는 사람들에게는 마치 자장가처럼 평화로운 기분이 들기도 합니다.

청개구리 수컷이 울고 있을 때에는 암컷을 차지하기 위한 치열한 경쟁이 일어나고 있다는 것을 의미합니다. 청개구리 암컷은 가장 큰 소리로 우는 수컷에게 다가가기 때문에 수컷은 더욱더 우렁찬 울음소리를 내기 위해 안간힘을 쓰는 겁니다. 이렇게 암컷을 유인하는 데 성공한 수컷은 암컷의 등에 올라타서 짝짓기를 하고 물에 알을 낳게 됩니다.

청개구리과의 개구리들은 울음소리에 따라 청개구리와 수원청개구리로 분류되기도 합니다. 청개구리는 '깩!깩!깩!' 소리를 내는 반면 수원청개구리는 '엉!엉!엉!' 소리를 내며 웁니다. 겉으로 보기에는 두 종이 완전히 똑같게 생겼지만 엄연히 다른 종이고 서로 교배도 불가능합니다. 수원청개구리는 수도권 지역에서만 드물게 볼 수 있는데 1980년에 일본의 학자에 의해 발견되었고, 현재는 멸종위기종으로 지정되어 보호받고 있습니다. 아무래도 수도권에서 발견되는 청개구리는 귀한 몸으로 대접받는 수원청개구리일 수도 있으니 함부로 잡지 않는 것이 좋을 것 같습니다.

개구리 중에서는 청개구리가 가장 잘 알려져 있지만, 개구리 중의 개구리라고 불리는 참개구리를 빼놓을 수 없습니다. 육상에서 지내는 청개구리와는 달리, 참개구리는 하천이나 강가, 논물에 주로 서식합니다. 최근에 제초제나 방충제의 사용으로 그 수는 꽤 줄었지만 생명력이 강한 편에 속하기 때문에 다른 개구리들에 비해서는 자주 볼 수 있습니다.

참개구리의 가장 큰 특징은 연두색이나 갈색이 어우러져 있는 무늬와 함께 검은 점이 온몸에 다닥다닥 붙어 있다는 것입니다. 많은 분들이 밝

참개구리

은 초록의 단색으로 이루어진 청개구리가 좋다고 말하지만, 저는 오히려 자연스럽고 강한 느낌이 드는 채색을 가지고 있는 참개구리가 더 좋은데, 겉모습처럼 점프도 매우 잘하고 헤엄도 잘 칩니다.

청개구리가 먹이를 구할 때 풀숲에 숨어 있다가 혓바닥을 낼름 내밀어 잡아먹는 소심한 구석이 있는 반면, 참개구리는 움직이는 물체를 발견하면 튼튼하고 기다란 다리를 이용해서 무작정 달려들고 보는 급한 성격을 가지고 있습니다. 이처럼 참개구리는 우리들이 생각하는 일반적인 개구리들의 사냥법과 자연스러운 채색을 가졌기 때문에 'True frog(진짜 개구리)'라는 영명으로 불리기도 합니다.

그 외에도 국내에서 볼 수 있는 개구리로는 무당개구리, 금개구리, 옴개구리, 산개구리 등이 있습니다. 그중 두꺼비를 포함한 옴개구리, 무당개구리의 경우에는 피부에서 독성 물질을 분비하기 때문에 개구리의 천

무당개구리

적인 뱀이나 새도 먹기를 꺼립니다.

특히 무당개구리는 천적과 마주치거나 위험을 감지했을 때 붉은 배가 드러나게 네 다리를 들고 누워서 '나는 독이 있으니 잡아먹지 말라.'는 경고 신호를 보내기도 합니다. 아마 사람들도 무당개구리의 붉은 배를 보면 만지고 싶지는 않을 겁니다. 생명에 위협적일 수도 있는 독을 피하려는 사람들의 본능이라고 할 수 있는데, 만약 무당개구리나 옴개구리 같은 독개구리를 만진 후에 눈을 비비거나 상처에 닿게되면 독이 올라 매우 따가울 수 있습니다. 혹시라도 독개구리를 만진 후에는 즉시 깨끗한 물에 손을 씻고, 상처가 있을 경우에는 독개구리를 만지지 않는 것이 가장 좋은 방법입니다.

옴개구리나 무당개구리는 독을 가지고 있는 덕분에 청개구리처럼 보호색으로 숨지도 않고, 참개구리처럼 헤엄을 잘 치거나 점프를 잘하지도 않습니다. 어차피 잡아먹힐 일이 없을 테니 움직일 때도 다른 개구리들보

다 굼뜨게 움직입니다. 무당개구리는 '엉!엉!엉!' 울고, 옴개구리는 '총!총!총!' 소리를 내며 우는데 청개구리가 같이 울 때 무당개구리와 옴개구리의 울음소리는 들리지도 않습니다. 비록 움직임이 굼뜨다 못해 암컷을 찾기 위해 울음소리를 낼 때에도 그리 열정적이지 못하지만, 독을 가지고 있어서 모든 신체적 약점을 극복할 수 있는 듯합니다.

독을 가진 두꺼비도 무당개구리나 옴개구리와 마찬가지로 굼뜨게 움직이면서 점프도 거의 하지 않고, 앞다리와 뒷다리를 이용해서 엉금엉금 기어 다닙니다. 그래서 다른 개구리들이 점프하기 위해 사용하는 뒷다리는 점프를 하는데 쓰지 않게 되면서 진화하지 못하고 퇴화되어 다른 개구리보다 짧고 힘도 약합니다. 어찌나 천하태평인지 사람들이 사는 집 마당이나 길거리에 자주 모습을 드러내기도 합니다. 아무래도 동화에서 콩쥐를 도와준 동물이 개구리가 아닌 두꺼비인 이유는 두꺼비가 집 앞마당에서 자주 나타났기 때문인가 봅니다.

두꺼비

두꺼비는 황소개구리가 수입되기 전, 국내에서 가장 큰 개구리였기에 비슷한 크기의 황소개구리가 수입된 이후에는 두꺼비 수컷들이 황소개구리 암컷을 두꺼비 암컷으로 착각하고 짝짓기를 하기 위해 달려드는 일이 일어나기도 했습니다. 그 과정에서 두꺼비 수컷이 황소개구리를 붙들고 배를 조이면서 질식사시켜 죽음에 이르게 하는 황당한 경우도 자주 발생했다고 합니다.

두꺼비는 회귀성 동물이기 때문에 산란기가 되면, 자신이 태어난 곳으로 돌아와서 알을 낳는 본능이 있는 것으로도 잘 알려져 있습니다. 하지만 두꺼비가 지나가는 길에 도로가 생기자 두꺼비가 차에 깔려 압사당하고, 건물이나 울타리 때문에 자신의 고향으로 돌아가지도 못하는 상황이 발생하고 있습니다. 두꺼비들이 사람들에게 자신들이 지나가는 길을 제공해 주었으니, 우리도 두꺼비가 무사히 알을 낳을 수 있도록 관심을 가져줄 필요가 있다고 봅니다.

이렇게 각자의 생존, 번식방식을 가지고 자연에서 살아가고 있는 신비한 개구리들이지만, 개구리의 멸종 속도는 다른 생물들보다도 더욱 빨리 진행되고 있습니다. 개구리가 포함된 양서류는 물과 육상을 모두 오가며 사는 생물이기 때문에 양쪽 환경이 모두 중요한 데다, 환경이 오염되면 다른 생물들보다 더욱 빨리 반응을 보이고 죽기 때문에, 몇십 년 전만 해도 시골에 사는 아이들의 자장가가 되어 주었던 개구리의 울음소리는 점점 듣기 힘들어지고 있습니다.

또한, 오존층의 파괴로 자외선이 노출되면서 올챙이의 알을 손상시키고, 산업 활동으로 인해 생겨나는 화학물질인 환경호르몬은 다리와 머리가 여럿인 끔찍한 기형개구리를 탄생시키기에 이르렀습니다. 인간이 일으킨 환경오염이 개구리에게 얼마나 큰 죄를 저지르고 있는지를 가장 극

한국의 고유종 금개구리

금개구리는 오직 우리나라에서만 볼 수 있는 고유종 개구리입니다. 금개구리라는 이름과 걸맞게 등쪽에 2개의 진한 금빛 융기선이 있습니다. 과거에는 청개구리나 참개구리만큼이나 많이 보였지만, 현재는 대부분 지역에서 자취를 감추면서 수도권이나 충청도 북부, 전라도 일부 지역에서만 볼 수 있습니다. 금개구리는 다른 개구리와는 달리 이동성이 매우 떨어지기 때문에 자신이 살던 서식지가 파괴되면, 그 곳에서 그냥 죽음을 맞이할 수밖에 없었습니다. 2012년 이후로 멸종위기종으로 지정되어 보호받고 있습니다.

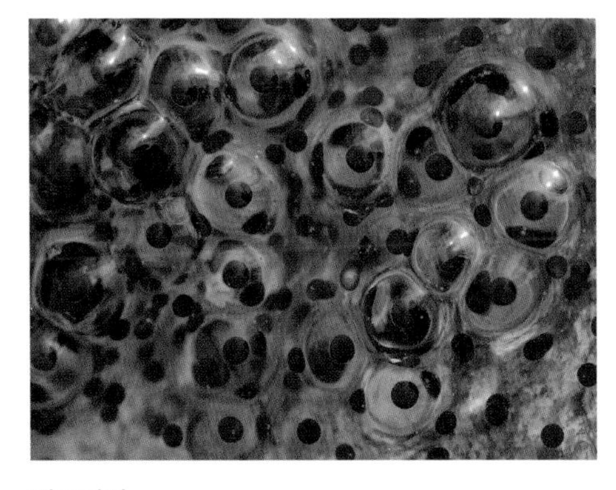

개구리알

적으로 보여주는 부분이기도 합니다.

지금도 개구리에 대한 인간의 만행은 여기서 멈추지 않고 있습니다. 환경오염만으로도 개구리들은 멸종 위기에 처할 수 있는 상황인데, 개구리가 당뇨나 폐렴에 효험이 있고 고단백질이라는 이유로 개구리의 움직임이 둔한 겨울이나 봄에 밀렵꾼들이 나타나 개구리를 무자비하게 포획하기도 합니다. 그것도 모자라 올챙이들이 자랄 연못이나 웅덩이를 모조리 없애 버리고, 급기야는 논마저도 방충제와 제초제를 뿌렸습니다. 이런 일들이 지속되니, 개구리의 수는 당연히 줄어들 수밖에 없는 결과였을 겁니다.

비록 국내에 서식하는 개구리는 15종뿐이지만, 해충을 잡아먹거나 새나 뱀의 먹이가 되는 등 생태계의 중요한 위치에 자리 잡고 있습니다. 그래서 개구리의 감소와 멸종이 다른 종의 감소나 멸종으로 이어지고, 생태계의 균형이 무너지는 최악의 결과를 초래할 수 있는 상황입니다.

이 일은 현재 진행형이고, 많은 학자들은 개구리의 감소를 우려하고 있으나, 아직까지도 뚜렷한 대책은 나오지 못하고 있습니다. 양서류들은 온도변화에도 민감한데, 환경오염에 지구온난화까지 겹쳐서 몇십 년만 지나면 양서류 대부분이 멸종한다는 예측까지 나오고 있을 정도입니다. 이런 상황이 지속되면 몇십 년 이후에 태어난 아이들이 신화나 역사에 나오는 개구리를 접할 때, '개구리는 신화나 과거 역사에서만 등장하는 생물이다.'라는 말을 하게 될 날이 정말 올지도 모릅니다.

13 같은 도롱뇽 다른 느낌 도롱뇽과 우파루파

도롱뇽과 도마뱀의 차이 비교

- 도롱뇽은 물에서도 활동하는 양서류이고, 도마뱀은 파충류이다.
- 도롱뇽은 야행성이지만, 도마뱀은 낮에 주로 활동한다.
- 도마뱀의 머리는 삼각형이지만, 도롱뇽의 머리는 타원형이다.
- 도마뱀은 알을 독립된 형태로 낳지만, 도롱뇽은 알주머니의 형태로 알을 낳으며, 알주머니 하나에 약 100개의 알이 들어 있다.

이번에는 도롱뇽과 우파루파를 비교해 볼까요!

물속과 육상을 오가는 도마뱀, 도롱뇽을 아시나요? 도롱뇽은 개구리에 비하면 보기 드물지만, 용존산소가 풍부하고 1급수의 차가운 계곡이 흐르는 숲에는 도롱뇽을 쉽게 발견할 수 있습니다. 도롱뇽은 3~4월쯤 짝짓기를 하기 때문에 여름이 되면 도롱뇽의 유생(올챙이)들이 계곡 여기저기

도롱뇽 유생

를 유영하는 모습도 쉽게 볼 수 있습니다.

도롱뇽 유생을 개구리 유생과 혼동하는 분들도 많이 계시지만 도롱뇽 유생은 아가미가 겉으로 드러나 있는 반면, 개구리 유생은 아가미가 아가미뚜껑으로 덮여 있어 잘 보이지 않기 때문에 쉽게 구별이 가능합니다. 이 아가미는 변태과정을 거치고 성체가 되면 완전히 사라지고 물과 육상을 오가며 폐와 피부로 호흡을 하게 됩니다.

우리나라에는 도롱뇽의 종 다양성이 그리 높지는 못해 6종의 도롱뇽만이 서식하고 있으며, 2004년 발견되어 신종으로 기록된 종도 있습니다. 그중 1종은 남한에서는 볼 수 없고 북한에서만 서식합니다. 현재 남한에 서식하는 5종의 도롱뇽 모두 보호종으로 지정되어 보호받고 있습니다.

국내에 서식하는 5종의 도롱뇽들 중 가장 흔하게 볼 수 있는 종은 바로 코리안 살라맨더(Korean salamander)라고 불리는 도롱뇽입니다. 오염이 거의

한국에 사는 도롱뇽들

목	과	이름	특징
도롱뇽목	도롱뇽과	도롱뇽	한국에 가장 많음
		제주도롱뇽	제주도 고유종
		고리도롱뇽	경남 고리 및 인근에 서식
		꼬리치레도롱뇽	
		네발가락도롱뇽	남한에는 없음
	미주도롱뇽과	이끼도롱뇽	2004년 발견된 한국 고유종

도롱뇽 알

도롱뇽

되지 않은 청정한 계곡 인근에서 썩은 나무나 낙엽, 돌 밑을 잘 살펴보면 회색에 가까운 채색에 매끈한 피부를 가진 도롱뇽을 만날 수 있습니다.

도롱뇽은 낮에는 나무뿌리나 돌 밑에 숨어 지내다가 밤이 되면, 수서곤충이나 지렁이 같은 생물들을 잡아먹는 야행성입니다. 도롱뇽의 모습을

꼬리치레도롱뇽

보면 혀도 없고 팔다리도 짧은데다 행동도 느릿느릿하기 때문에 먹이를 발견한다고 해도 놓치기 일쑤입니다.

느릿느릿한 행동 때문에 먹이도 잘 잡지도 못하는데, 산과 계곡이 오염되어 도롱뇽의 주 먹이인 수서곤충이 줄어들게 되면서 도롱뇽은 더욱 더 살기 힘들어지고 있습니다. 도롱뇽이 우리 곁에 계속 있게 하기 위해서는 산과 계곡의 보호를 위해 모두가 힘쓸 필요가 있습니다.

도롱뇽 다음으로 많이 볼 수 있는 도롱뇽과의 생물은 꼬리치레도롱뇽입니다. 검은색의 채색에 황록색의 무늬가 있고, 도롱뇽보다 더 긴 꼬리를 가지고 있습니다. '꼬리치레도롱뇽'이라는 이름도 자신의 몸통보다 더 기다란 꼬리를 흔들며 앞으로 나아간다고 해서 붙은 이름입니다. 우리나라, 중국 북부지방, 시베리아의 찬 계곡에 주로 서식하고 있습니다. 도롱뇽보다 환경변화에 민감해서 국내에서 꼬리치레도롱뇽이 발견된 곳은 자연이 거의 오염되지 않은 청정지역으로 가늠되고 있습니다.

이끼도롱뇽

특정 지역에만 서식하는 독특한 국내 고유종들이 있는데, 한 종은 고리도롱뇽으로 경상남도 고리 지역과 그 인근에, 또 다른 종은 제주도롱뇽으로 제주도에만 유일하게 서식하는 도롱뇽입니다. 이 두 종은 도롱뇽과 모습이 거의 똑같이 생겨서 육안으로는 구분이 힘듭니다.

2004년 발견된 이끼도롱뇽은 전 세계 학계를 깜짝 놀라게 만든 종으로 유명합니다.

이끼도롱뇽은 대전에서 미국인 과학교사가 도롱뇽을 연구하던 도중 허파가 없는 도롱뇽을 발견하면서 신종으로 기록되었습니다. 이끼도롱뇽이 속한 미주도롱뇽들은 허파가 없어 피부를 통해 산소를 받아들이는 피부 호흡을 합니다. 원래 아시아 지역에서 발견되는 도롱뇽은 모두 허파로 호흡을 하고, 허파가 없는 도롱뇽은 유럽과 북아메리카에만 서식합니다. 그런데 아시아 지역에서도 유일하게 한반도에서만 허파가 없는 미주도롱뇽이 발견되었으니 학자들은 놀라움을 금치 않을 수 없었습니다.

이끼도롱뇽이 신종으로 발견된 이후에는 본격적으로 연구가 시작되면서 2005년에는 국내에서만 서식하는 고유종으로 밝혀지게 됩니다. 현재 학자들은 수억 년 전 대륙이 끊임없이 이동하면서 유럽이나 북아메리카에만 살던 미주도롱뇽의 일부가 한반도에 정착하여 살게 되면서, 환경에 맞게 현재의 이끼도롱뇽으로 진화하여 종 분화가 발생한 것으로 추정하고 있습니다. 만약 이 말이 사실이라면 일본이나 중국 일부 지역에서도 미주도롱뇽과의 도롱뇽들이 발견되어야 하지만, 아직까지 발견되지는 않았다고 합니다. 대체 왜 아메리카나 유럽 일부 지역에서만 발견되어야 할 미주도롱뇽이 아시아 지역에서 유일하게 한반도에만 발견되고 있는지 참으로 미스터리할 따름입니다.

이끼도롱뇽은 아직까지도 연구가 진행되고 있는 종으로, 나중에 이끼도롱뇽의 정확한 생활사와 생물학적 특성이 밝혀지고 나면 이끼도롱뇽이 왜 우리나라에 서식하고 있는지 알 수 있게 될 겁니다.

도롱뇽은 이처럼 다양한 생활사와 각 종마다 작고 큰 차이점을 보이며 전 세계적으로 널리 서식하고 있습니다. 그런데 세계에 분포하고 있는 도롱뇽들 중에서 유일하게 변태과정을 거치지 못하고 평생을 유생(올챙이) 상태로 살아가다 생을 마감하는 독특한 생물이 있는데, 그 종이 우파루파입니다. 영어로 '액솔로틀(axolotl)'이지만 한국에서는 일본어인 '우파루파(ウパルパ)'로 더욱 잘 알려져 있습니다.

우파루파는 멕시코의 호수인 호히밀코호와 할코호에만 서식하는 멕시코 고유종으로, 현재는 애완용으로 전 세계적으로 퍼져서 많은 분들에게 잘 알려져 있습니다. 원산지인 멕시코에서 야생종 우파루파는 할코호에서 완전히 멸종되면서 현재는 호히밀코호에만 살고 있고, 그나마도 수가 지속적으로 줄고 있어 멸종위기에 처해 있습니다.

우파루파

유형성숙(neoteny)

동물이 유형(유생, 유충) 상태에서 다음 단계로 성장하는 과정을 거치지 못하고 생식기만 성숙하는 현상을 의미합니다. 우파루파는 유형성숙을 하기 때문에 다른 도롱뇽들과는 큰 차이점을 보입니다. 이렇게 유형성숙은 종의 분화와 진화에 큰 역할을 하는 것으로도 알려져 있습니다.

우파루파가 다른 도롱뇽과 달리 뚜렷하게 보이는 가장 큰 차이점은 바로 유생이 성체가 되는 변태과정을 겪지 않는다는 것입니다. 그래서 유형성숙을 하는 대표적인 종으로도 잘 알려져 있습니다. 다른 도롱뇽 유생은 겉으로 아가미가 드러나 있어 물속에서 호흡을 하고, 꼬리에 지느러미가 있다가 성체가 되면 사라지게 되지만, 우파루파는 평생 유생 상태이기 때문에 아가미와 꼬리지느러미가 남아 있습니다. 우파루파는 성체가 되어도 물 밖에서 생활할 수 없으며, 평생을 물속에서만 살아야 하는 독특한 생활사를 가지고 있습니다.

성체가 되지 못한 우파루파에게 생물의 변태과정에 관여하는 갑상선 호르몬의 일종인 티록신을 체내에 주입하면 다른 도롱뇽들처럼 아가미와 꼬리지느러미가 사라지는 변태를 겪는다고 합니다. 이것으로 비추어 볼 때, 우파루파는 결국 티록신의 결핍으로 변태를 할 수 없기 때문에 유형성숙을 한다고 할 수 있습니다.

우파루파가 티록신이 결핍되는 이유는 2 가지입니다.

티록신의 주성분은 요오드입니다. 우파루파가 서식하는 호히밀코호와 할코호가 위치한 멕시코 고산지대의 토양은 요오드의 함량이 매우 낮습니다. 그래서 우파루파가 잡아먹는 생물에는 요오드가 적게 함유되어 있어서, 우파루파 체내에서 많은 양의 티록신을 합성할 수가 없습니다.

티록신은 날씨가 추울 때 갑상선에서 체온을 높이기 위해 분비되지만, 우파루파의 서식지는 적도 부근에 위치해서 날씨가 따뜻하고, 겨울에도 영하로 떨어지는 경우가 없어 우파루파의 체내에서 티록신이 많이 분비될 수가 없는 겁니다. 결국 기후와 식생의 차이가 우파루파라는 독특한 도롱뇽을 만들어냈다고 할 수 있습니다.

이런 이유로, 우파루파는 발생학과 유형성숙에 대한 연구를 할 때 주된 실험동물로 쓰이고 있습니다. 또, 특이한 점은 신체 일부가 훼손되어도 금방 회복이 가능한 데다 다른 우파루파로부터 장기이식을 받을 때에도 거부반응을 일으키지 않아 의학연구에도 활용되고 있다고 합니다.

앞으로 우파루파에 대한 의학연구가 꾸준히 진행된다면 우리들이 장기이식을 받을 때 발생할 수도 있는 거부반응을 일으키지 않게 하고, 신체 일부가 없어져도 회복이 가능하게 해주는 중요한 열쇠가 되어줄지도 모를 일입니다.

14 물속 사나운 맹수 악어

공룡과 악어의 차이점

- 공룡이 악어보다 몸길이와 체중이 몇 배 이상 크다.
- 공룡은 다리가 수직으로 뻗었지만, 악어는 다리가 옆으로 뻗었다.
- 공룡의 대부분은 악어와는 달리 직립보행을 한다.
- 공룡은 오래 전 멸종했지만, 악어는 아직도 생존해 있다.

공룡과 비슷하면서도 다른 악어!
둘은 과연 어떤 관계일까요?

'악어' 하면 무엇이 가장 먼저 떠오르시나요? 아마도 사람을 물어뜯어 죽이거나 물속에서는 당해낼 생물이 없는 무시무시한 포식자 같이 부정적이고, 무서운 이미지가 제일 먼저 떠오르실 거라고 생각합니다. 실제로 해마다 몇백 명에 달하는 사람들이 악어 때문에 목숨을 잃는다고 하며, 많은 나라에서 식인 악어와 관련된 무서운 영화가 제작되어 상영되기도 합니다.

현재 악어들은 국제적으로 멸종 위기에 처해서 CITES협약(멸종위기에 처한 야생동·식물 국제교역에 대한 보호협약)에 의해 보호받고 있는 귀한 몸이기도 합니다. 악어라고 하면 두려움에 떠는 사람들이 몇천만 원에 달하는 값비싼 가죽을 얻기 위해 악어들을 무자비하게 남획해 갔기 때문입니다. 사람들의 욕심 앞에서는 아무리 무섭고 사나운 존재인 악어마저도 힘을 쓰지 못하는 모양입니다. 최근에는 야생종 악어를 보호하는 추세에 있고, 가죽은 악어를 인공적으로 사육함으로써 생산되고 있지만, 악어들이 주로 서식하는 늪이나 습지가 사람들에 의해 지속적으로 개발됨에 따라, 남획에 이은 서식지 파괴로 이중고를 겪고 있는 상황이라고 할 수 있습니다.

악어는 전 세계적으로 약 28종이 존재하며, 형태에 따라 크로커다일, 엘리게이터, 카이만, 가비알의 4가지로 나뉩니다. 위턱과 아래턱이 V자형이고 이빨 전체가 밖으로 돌출되어 있는 악어가 크로커다일, 아래턱의 이빨이 입안으로 들어가 있는 악어가 엘리게이터 또는 카이만, 얇고 길쭉한 주둥이에 코끝이 동그랗게 튀어나온 악어를 가비알이라고 부릅니다. 카이만 악어와 엘리게이터는 형태가 거의 비슷하기 때문에 카이만 악어와 엘리게이터 모두 엘리게이터과에 속합니다.

악어는 지금으로부터 약 2억 년 전, '프로토스쿠스'라 불리는 고대 악어로부터 시작했습니다. 프로토스쿠스가 등장한 시기는 공룡들이 한창 번성하던 시기이기도 합니다. 하지만 어떠한 이유에 의해 공룡은 완전히 멸종해서 자취를 감췄고, 현재는 악어만이 남아 있습니다. 그렇다면 공룡이 멸종한 시기는 지구상에 서식하는 생물들의 50%가 완전히 멸종된 시기와 같은데, 어떻게 악어는 이러한 대멸종을 이겨내고 지금까지 2억 년을 살아남을 수 있었을까요? 아직 대멸종의 원인은 확실히 밝혀지지 않

말레이가비알

인도악어(크로커다일)

미국악어(엘리게이터)

안경카이만 악어

왔지만 아무래도 악어만이 가지고 있는 고유의 생존 전략 때문이었을 겁니다.

하지만 악어는 다른 동물들에 비해 생존하기에는 신체적 약점이 많은 동물입니다. 악어의 가장 큰 무기는 커다란 입과 이빨이라고 할 수 있지만, 악어의 입은 저작능력이 없어 먹잇감을 씹거나 찢는 것이 완전히 불가능합니다. 그래서 사냥이나 싸움을 할 때 이빨로 상대의 신체 여러 부위에 지속적인 치명타를 가하거나 상대의 동맥을 끊어 목숨을 잃게 하는 강한 공격을 가할 수 없습니다.

그리고 주위 환경에 맞춰 체온을 변화시키는 변온동물이기 때문에 먹잇감을 공격하거나 격렬한 운동을 하면 순식간에 힘이 빠져서 지치곤 합

변온동물과 항온동물

체온과 외부의 열의 교환이 빨라서 외부 온도에 따라 체온이 변하는 동물은 변온동물이라고 부릅니다. 어류, 양서류, 파충류가 대표적으로 냉혈동물에 속하는데, 겨울이 되면 체온이 낮아서 효소가 활성화되지 못해 겨울잠을 자는 경우가 대부분입니다. 하지만 체온 유지에 많은 에너지를 사용할 필요가 없기 때문에 적은 양의 음식으로도 죽지 않고 살 수 있습니다.
반면 외부온도와 관계없이 체온이 일정하게 유지되는 동물을 항온동물이라고 부릅니다. 조류와 포유류가 대표적인 항온동물이고, 사람도 여기에 속합니다. 만약 체온이 일정 영역 이상을 벗어나게 되면 신체적으로 치명적인 결과를 초래하게 됩니다. 그래서 항온동물은 음식을 통해 얻는 전체 에너지의 60%를 체온 유지에 사용하기 때문에 변온동물에 비해 많은 음식을 섭취해야 합니다.

니다. 악어가 그물 안에 포획되었을 때, 조금만 시간이 지나면 힘이 완전히 빠져서 몸을 거의 움직이지 못하는 것이 대표적인 예입니다.

많은 학자들이 현재의 악어보다는 과거 공룡의 지능이 더욱 높았을 거라 추측하고 있을 정도로, 악어의 뇌는 몸집의 크기에 비해 매우 작아 지능이 떨어지는 동물로 잘 알려져 있습니다.

그럼에도 불구하고 악어는 2억 년이라는 긴 시간 동안 살아왔고, 같은 파충류인 공룡의 멸종에도 악어는 결코 멸종의 길을 걷지 않았습니다. 악어들이 이러한 신체적 약점의 극복을 넘어서 물속 최강의 포식자가 될 수 있었던 데에는 여러 가지 이유가 있습니다.

첫 번째 이유는 악어가 변온동물이기 때문입니다. 악어가 변온동물이라는 사실은 악어에게는 약점임과 동시에 강점으로 작용합니다. 잠시라도 격렬한 운동을 하면 순식간에 지쳐버리는 큰 약점이 있긴 하지만, 먹이를 통해 얻는 에너지를 체온유지에 사용할 필요가 없어 상대적으로 적은 먹이로도 죽지 않고 살아남을 수 있습니다. 사람을 포함한 포유류나 조류는 항온동물이기 때문에 음식으로부터 얻는 에너지의 60%를 체온 유지에 사용하기 때문에 많은 음식을 섭취해야 하지만, 악어는 그럴 필요가 없다는 겁니다.

악어가 무는 힘(악력)이 강한 것도 악어가 지금까지 생존하는 데에 크게 기여했습니다. 비록 악어가 먹잇감을 찢거나 씹는 것은 불가능하지만, 악력이 워낙 강하기 때문에 먹잇감이 빠져나가지 못하도록 물고 몸을 강하게 회전시켜서 먹잇감을 갈기갈기 찢을 수 있으며, 물속으로 먹잇감을 넣어 익사시키는 것이 가능합니다. 이렇게 먹잇감이 완전히 목숨을 잃고 저항하지 못하게 되면 악어는 주둥이를 위로 치켜들고 중력을 이용해서 먹잇감을 그대로 몸속으로 넣어 버릴 수 있습니다. 악어는 자신의 악력을 강화시키는 방향으로 꾸준히 진화해 올 수 있었고, 현재는 지구상에서 가장 강한 악력을 지닌 동물이 되었습니다. 사람의 악력이 50kg 정도밖에 안 되는 반면, 악어의 악력은 2,000kg을 넘는다고 하니 정말 대단하다고 할 수 있습니다.

악어는 호흡, 후각과 시력, 감각기관도 매우 뛰어납니다. 특히 뇌의 많은 부분이 후각에 관여할 정도로 후각이 엄청나게 발달되어 있고, 시력은 물속에서도 물 밖에 있는 것처럼 잘 보이며, 밤이 되어도 잘 볼 수 있기 때문에 먹잇감을 잡아먹는데 아무런 문제가 없습니다. 그래서 악어는 어둠 속에서도 먹잇감이 지나가는 것을 기다리다가 먹잇감이 다가오면 순식간에 공격해서 잡아 먹습니다.

악어를 포함하는 파충류는 일반적으로 폐호흡을 해서 물속 생활이 힘들 수 있음에도, 악어는 물속에서 숨을 쉬지 않고도 최대 1시간 이상을 견뎌내기도 합니다. 얼마나 물속에서 살기 쉽도록 진화했는지, 초식공룡들의 위 속에서 음식물을 잘게 부수도록 작용하는 위석이, 악어에게는 물속에서 헤엄칠 때 밀도를 조절하여 몸의 균형을 잡는데 사용되고 있습니다. 물고기가 수면 위로 떠오를 때 밀도를 줄이기 위해 부레를 부풀리고,

공룡과 악어의 위석

초식공룡들의 이빨은 최대한 많은 양의 나뭇잎을 먹을 수 있도록 갈퀴 모양으로 진화했지만, 저작 능력은 없었기 때문에 입 안의 잎사귀들을 잘게 부술 수가 없었습니다. 그래서 잎사귀와 함께 위 속에서 잎사귀들을 잘게 부숴 줄 돌들을 삼켰는데, 그 돌이 바로 위석입니다. 악어도 마찬가지로 돌덩어리를 삼켰는데, 다른 초식공룡들과는 달리 몸의 밀도를 조절하는 데에 사용되었습니다.

아래로 가라앉을 때 밀도를 높이기 위해 부레를 축소하는 것과 같은 원리입니다.

무엇보다 악어의 가장 크게 주목해야 할 부분은 바로 감각기관입니다. 악어의 턱 주위를 잘 살펴보면 올록볼록하게 돋아 있는 작은 혹이 있는데, 이 혹이 감각을 수용하는 기관입니다. 이 감각기관은 근육의 운동에 관여하는 3차 신경계와 연결되어 있어 먹잇감이 움직이면 움직임으로 생기는 물의 진동을 감지하고, 진동이 일어나는 방향으로 다가가서 먹잇감을 입으로 물어 잡아먹을 수 있습니다.

하지만 악어의 감각기관이 워낙 예민하다 보니 바람이나 물방울의 낙하에 의한 잔물결마저도 감지해서 허공을 향해 달려드는 일도 가끔 발생하기도 합니다. 그래서 비가 오거나 바람이 많이 부는 날씨에는 잔물결이 계속 발생하기 때문에 악어의 사냥이 어려워지게 됩니다.

악어의 턱에 있는 감각기관이 악어가 먹잇감을 사냥할 때에는 가장 중요한 도구라는 것은 확실합니다. 파리 국립 자연사 박물관의 한 연구원은 "공룡이 완전히 멸종했을 때, 같은 파충류인 악어가 살아남을 수 있었던 가장 큰 이유는 악어가 지구상에 등장한 2억 년 전부터 지니고 있었던 감각기관 때문이다."라는 말을 한 적도 있습니다.

악어는 공룡을 연구할 때의 실험 모델로 사용하기도 합니다. 고대 악어 프로토스쿠스는 공룡의 조상이기도 한 '아르코사우리아(Archosauria)'라고 불리는 공통 조상으로부터 출현했기 때문에 공룡과 친척 관계이기도 합

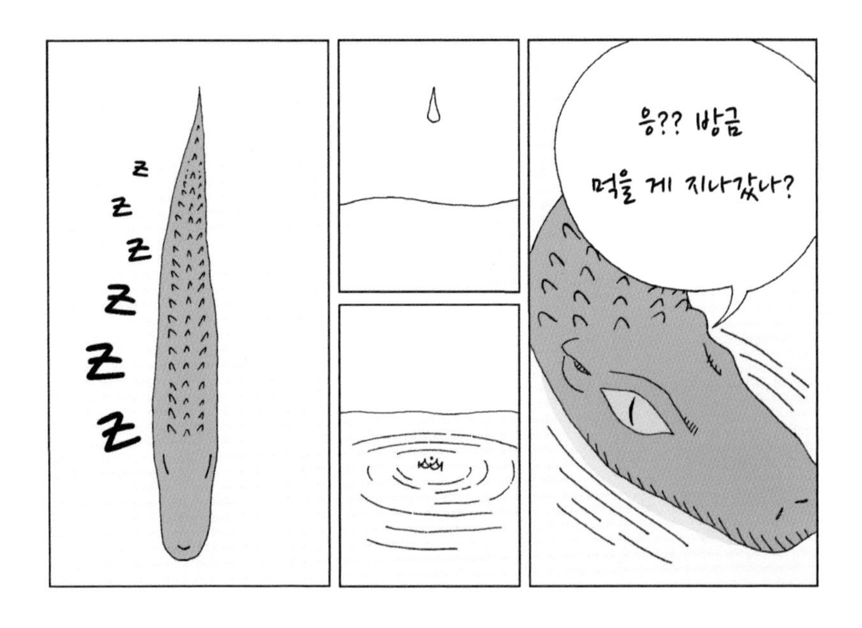

니다. 그래서 어떤 학자들은 악어가 부화할 때, 온도에 따라 호르몬의 분비가 달라져 성이 결정되는 TSD(Temperature-dependent Sex Determination)현상을 이용해 '성별 불균형으로 인한 공룡의 멸종설'을 증명하기도 했습니다. 소행성이 지구에 충돌했거나 화산이 폭발해서 화산재가 태양빛을 가리고 그 결과 지구의 온도가 급감하면서 TSD현상으로, 공룡의 암컷이 거의 사라지고 수컷이 압도적으로 많이 태어나, 공룡의 암수 성비가 깨지게 되었고 그로 인해 새끼를 낳기가 점점 힘들어지면서 공룡이 멸종했다는 것이 바로 성별 불균형에 의한 공룡 멸종설입니다.

공룡이 멸종한 시기는 공룡 외에 다른 생물들도 대멸종을 겪었던 시기이기 때문에 일부 학자들은 이 이론을 반박하기도 하여 성별 불균형으로 인한 공룡 멸종설은 아직까지 논란이 많습니다.

어떤 학자는 몸집이 커서 온몸에 산소를 순환시키기 힘들 수 있는 공룡이, 지구의 산소 농도가 지금보다 낮았던 시기에 어떻게 생존할 수 있었는지에 대해 의문을 가지고 악어를 이용해 실험을 하기도 했습니다. 악어의 알을 각각 산소농도가 다른 곳에 넣고 부화시켰습니다. 그 결과, 산소 농도가 낮은 곳에서 갓 태어난 악어 새끼는 다른 악어 새끼들보다 상대적으로 심장이 컸고, 어느 정도 자라고 나면 폐도 다른 악어들보다 크게 자랐다고 합니다. 산소의 이용을 최대화하기 위해 심장과 폐가 커지는 방향으로 태어난 겁니다. 반면, 산소가 높은 농도인 곳에서 태어난 악어는 다른 악어들보다 호흡을 적게 했다고 합니다.

이런 실험들 이외에도, 악어를 이용한 공룡에 대한 실험은 지금도 계속되고 있는 것으로 보입니다. 아직까지 공룡에 대한 미스터리가 많이 남겨져 있는 만큼, 악어는 공룡의 비밀을 푸는 데 아주 중요한 열쇠가 될 수 있을 거라고 생각합니다.

최근에는 가죽을 얻기 위한 불법 남획, 서식지 파괴, 지구온난화로 인한 성별 불균형 등 인간 활동에 의한 악어의 멸종이 점점 가속화되고 있는 상황이 지속된다면, 몇십 년 안에 야생종 악어는 완전히 사라지고 박물관이나 동물원에서만 악어를 보게 될지도 모르겠습니다.

4장

수서곤충

15 노숙자 날도래, 하늘을 나는 날도래로

위장술의 대가 카멜레온

카멜레온은 주변 환경이나 태양빛의 세기에 따라 몸의 색을 바꿀 수 있는 생물로 잘 알려져 있습니다. 이렇게 동물의 색이 환경이나 배경과 거의 유사해서 천적에게 발각되지 않거나 잡아먹히지 않게 보여지는 색을 '보호색'이라고 합니다. 보호색을 가진 동물은 카멜레온 외에도 청개구리, 대벌레, 메뚜기 등이 있습니다.

그런데 만약 보호색이 없다면?
날도래처럼 주변 환경과 똑같은 색의 옷을 입어야겠죠!

관광지로 유명한 계곡의 어느 날 아침입니다. 어린 친구들이 뜰채와 페트병을 들고 와 작은 물고기들과 치어들을 잡고 있고, 어떤 친구들은 올챙이와 도롱뇽 유생을 찾느라 낙엽이 쌓인 물속을 유심히 들여다보고 있으며, 또 어떤 친구들은 유속이 느리고 수풀이 있는 물속에서 수서곤충을 잡고 있습니다. 그런데 가장 흔하고 눈에 잘 띄기는 하지만, 모든 친구들이 유일하게 관심을 가져주지 않고 있는 수서곤충이 있습니다.

계곡에 놀러간 경험이 있는 분이라면 적어도 한 번쯤은 자갈이나 작은 나뭇가지, 낙엽이 뭉쳐져 있는 짧은 막대기 모양의 작고 기다란 물체를 본 적이 있으실 거라 생각합니다. 몇 개월 전 관광지로 유명한 계곡에 간 적이 있는데, 어떤 분이 이 물체를 손으로 집었다가 "뭐야, 그냥 나뭇가지랑 돌이 뭉친 거잖아!" 하며 버리던 기억이 납니다. '이건 뭘까?', '물고기의 배설물인가?', '무엇 때문에 생긴 걸까?' 등의 호기심은 갖지만 대부분 이 짧은 막대기 안에 곤충이 숨어 살고 있다는 생각은 못하는 것 같습니다. 나뭇가지와 자갈, 낙엽이 뭉쳐진 이 작고 기다란 막대기 안에는 놀랍게도 곤충 날도래의 유충이 천적으로부터 잡아먹히지 않기 위해 숨어 살고 있습니다.

띠우묵날도래 유충

날도래의 유충은 대부분의 세월을 나뭇가지, 자갈, 낙엽에 온몸이 싸여 있는 상태로 지내는데, 제가 날도래에게 노숙자라는 별명을 지어준 것도 이런 이유에서입니다. 새가 둥지를 짓듯 예쁘게 만들지도 못하고, 그냥

애우묵날도래 유충

자신의 몸에 나뭇가지와 자갈 등을 막 갖다 붙인 것처럼 보이니 마치 노숙자가 겨울에 신문지를 몸 이곳저곳에 것과 비슷해 보였기 때문입니다.

겉으로 보기에 바보 같은 행동 같지만 날도래의 입장에서는 상당히 뛰어난 위장술입니다. 날도래는 보호색이 없어 천적인 물고기들의 눈에 잘 보일 수 있기 때문에 잡아먹히지 않기 위해서는, 주변의 환경과 비슷한 색깔의 옷을 입고 위장하는 것입니다. 가재나 새우 같은 경우에는 온몸이 갑각으로 둘러싸여 몸을 보호할 수 있고, 카멜레온이나 청개구리의 경우는 주변 환경에 따라 몸의 색을 변화시킬 수 있지만, 날도래 유충은 그렇게 할 수 없기 때문에 오랜 진화를 통해 터득한 생존 방법이라고 할 수 있습니다.

날도래 유충은 눈으로 바깥을 보고, 입으로 영양분을 섭취할 수 있어야 하며, 배설물도 배출해야 하기 때문에 집의 양쪽 끝 부분을 비워 두는 치

밀함까지 갖추고 있습니다. 이동할 때에는 한쪽 구멍에 얼굴을 빼꼼히 내밀어 주변의 지형지세를 파악한 후, 얇은 다리를 집 사이사이 구멍을 통해 바깥쪽으로 빼내거나, 다리를 모두 집 밖으로 빼낸 다음 걸어 이동합니다. 날도래가 이동한 곳에는 물 흔적이나, 흙이 약간 패인 흔적이 남게 됩니다.

똑똑하고 지능적인 날도래 유충은 담수 생태계에서 중요한 역할을 담당하고 있는 생물이기도 합니다. 물을 탁하게 하는 조류와 동·식물의 사체가 화학적으로 분해되어 생성된 부식질을 주로 먹으며 살기 때문에 물이 깨끗해질 뿐 아니라, 부식질을 먹은 날도래가 물고기에게 먹히면서 부식질의 영

유튜브 동영상 QR
The Architect (Caddisfly Larvae)
날도래 유충이 집을 들고 움직이는 장면이 나옵니다.

부식질(humus)

육상에서 서식하던 동·식물이 죽어 미생물에 의해 화학적으로 분해되면서 생성된 물질입니다. 부식질이 계속해서 어느 정도 분해과정을 거치면 이산화탄소, 암모니아 등으로 분해되어 다른 생물이 체구성 성분으로 흡수하여 사용할 수 있는 형태로 변하게 됩니다. 특히, 부식질이 20% 이상 포함된 토양을 부식토(mold)라고 하는데 매우 비옥하고 유기물이 많아 식물의 성장에 큰 도움을 준다고 합니다.

양분을 물고기들에게 전달해주는 역할도 담당하고 있습니다. 날도래는 세계적으로 분포하는 종이 무수히 많은데, 유속이 빠르고 물이 차가운 곳에 사는 날도래, 넓은 강의 구석에서 사는 날도래, 약간 오염된 물에서 사는 날도래까지 종마다 사는 지역이 각각 다르기 때문에 지표생물로서도 상당히 가치가 높은 곤충이라고 할 수 있습니다.

날도래 유충의 사진을 보면 아시겠지만, 날도래 유충의 다리가 자갈과 나뭇가지로 집을 짓기에는 짧고 연약해 보이지 않나요? 저는 날도래를 처음 접했을 때 짧고 연약한 다리로 일일이 무거운 고형물질들을 들어 올리며 집을 짓는다고 생각하니 상당히 애처로워 보이기도 했었습니다.

하지만 우리가 생각하는 것과 달리, 날도래는 집을 잘 짓기 위해 다리 관절이 상당히 잘 발달되어 있습니다. 예전엔 제가 계곡에서 날도래 한 마리 잡아서 집 밖으로 빼내려고 한 적이 있는데 아무리 잡아당겨도 빠지지가 않았던 걸로 기억합니다. 날도래 유충 어떤 게 가볍고 무거운지 알고 있는 것처럼 가벼운 모래나 자갈, 속이 비어 있는 갈대 줄기나 잎사귀 같은 가벼운 물질만 골라서 집 짓는데 사용합니다.

날도래 유충은 신기하게도 입 속에서 접착성이 있는 실(실크)을 생산하는 게 가능합니다. 이 실 덕분에 나뭇가지와 나뭇잎, 자갈들을 서로 연결하여 자신이 숨을 집을 만들 수 있습니다. 나비 유충도 마찬가지로 번데기가 되기 위해 입에서 실을 분비하는데, 실제로 나비와 날도래는 분류학

청나비날도래

흰점네모집날도래

가시날도래

적으로 가까운 관계에 속합니다. 원래 날도래가 나비, 나방의 한 종이었다가 종의 분화가 발생해서 유충 때 물속 생활을 하게 된 곤충이기 때문입니다.

그래서인지 날도래 유충과 나비 유충의 겉모습을 보면 비슷한 점이 많습니다. 앞에서 언급한 실의 분비 유무와 번데기를 거쳐 완전변태를 한다는 점도 유사합니다. 날도래가 1~2년의 유충시기를 마치고 번데기를 거쳐 성충이 되면 나방, 나비와 겉모습이 거의 비슷합니다. 실제로 날도래를 나방이나 나비로 착각하시는 분도 많이 계시는데 생김새부터 생활양식까지 비슷합니다. 사진을 보시면 아시겠지만, 정말 나비 못지않게 예쁘지 않나요? 일부 날도래 중에서는 이 사진에 나오는 종들보다 더욱 화려한 색과 무늬를 가진 종도 있습니다. 물속에 살며 천적을 피해 노숙자처럼 집을 지을 때와는 비교도 안 될 정도로 신세가 바뀌었다고 할 수 있습니다.

이제 날도래 성충에게 남은 임무는 짝짓기를 통해 자손을 번식시키는 것뿐입니다. 성충이 되면 자신의 수명이 1~2주 남짓 남았다는 사실을 아는지 모르는지, 짝짓기에 정신이 팔려 아무것도 먹지 않습니다. 이러다가 암컷과 수컷의 눈이 맞아서 짝짓기를 끝내고 나면, 수컷은 얼마

날도래의 연구

날도래는 전 세계적으로 약 11,000종이 분포하며, 미국에는 1,359종, 우리나라에는 92종이 서식하고 있다고 기록되어 있습니다. 물속에 사는 동물 중에서 가장 많고 다양하게 서식하고 있는 종이라고 할 수 있지만, 날도래에 대한 연구는 현재까지도 미미하게 진행되고 있습니다. 날도래 유충이 자라서 어떤 성충이 되는지에 대한 연구도 완벽하게 이루어지지 못했고, 날도래의 한살이에 대해서도 완전히 밝혀지지 못했습니다. 그 이유는 11,000종의 모든 날도래 유충들이 서식하는 물의 오염도와 환경이 각각 다르고, 일부 종은 유속이 빠른 곳에만 살 수 있어서 인공적으로 기르기가 어렵기 때문입니다. 날도래는 담수생태계에서 중요한 역할을 담당하고 있으면서도, 종 다양성이 풍부하기 때문에 언젠가는 꼭 연구되어야 합니다.

지나지 않아 목숨을 잃게 됩니다. 암컷도 자신이 낳은 알들을 말랑말랑한 주머니에 싸서 물속의 돌에 붙인 후 결국에는 힘이 다해서, 수면으로 떨어져 화려한 죽음을 맞이하게 됩니다.

이 글을 읽은 독자 분들은 이제 물속에 사는 노숙자인 날도래 유충이 훗날 하늘을 나는 멋진 성충이 된다는 사실을 압니다. 다음에 아는 분들과 계곡을 가게 되었을 때 동물들의 배설물이나 평범한 물체로만 보이는 짧은 막대기가 훗날 예쁜 곤충이 되어 하늘을 날게 된다는 사실을 알려주면, 그분들은 아마 깜짝 놀라실 겁니다. 저도 이 사실을 알았을 때, 정말 신기했고 놀라웠습니다.

16 솟다리 수영선수 물방개

수영과 작용 반작용의 법칙

물체 A가 B에게 힘을 가했을 때(작용), B에게 가했던 힘이 다시 A에게 동일하게 돌아오는(반작용) 법칙을 '작용 반작용의 법칙'이라고 합니다. 우리가 수영을 할 때에도 팔과 다리로 물을 뒤로 밀어내거나 수영장의 벽면을 밀어내서 앞으로 나아가는데, 이 역시 작용 반작용에 의해 앞으로 나아갈 수 있는 것입니다.

물속의 수영선수 물방개도
넓적한 다리로 반작용을 일으켜서 수영합니다!

물방개는 몇십 년 전만 해도 물의 흐름이 작은 웅덩이나 논에 가면 많이 볼 수 있는 곤충이었습니다. 제가 하천이나 웅덩이, 논에 갈 때마다 물방개가 예전보다는 보이지 않는것 같습니다. 아무래도 물방개는 많은 수서곤충들 중에서도 더욱 빠른 속도로 줄어들고 있는 모양입니다.

현재 물방개는 수가 많이 줄어 보호종 곤충으로 거론되고 있지만, 환경

오염이 심하지 않았던 60~80년대에 물방개들은 수가 워낙 많아 쉽게 볼 수 있어 당시 어린 아이들에게 재미있는 놀잇감이였습니다. 물방개끼리 경주를 시켜서 내기를 하기도 하고, 배가 고플 때에는 물방개를 잡아 불에다 구워 먹었다고 합니다. 아마 단백질의 공급이 부족했던 그 시대에는 물방개를 포함한 많은 곤충이 어린 아이들과 서민들의 좋은 단백질 공급원이었을 겁니다.

물방개도 담수생태계에서 매우 사나운 곤충 중의 하나로 손꼽힙니다. 유충 시기부터 작은 물고기나 올챙이, 날도래 애벌레 같은 약한 수서곤충과 심지어는 포악하기로 유명한 잠자리 애벌레를 잡아먹기도 합니다. 잠자리의 라이벌이거나 그 이상이라 할 만합니다.

물방개의 유충은 성충과는 완전히 다르게, 뱀처럼 길쭉한 원통형의 몸매를 가지고 있습니

미래의 식량자원, 곤충

많은 분들이 곤충요리에 대해 부정적인 시선을 가지는 경우가 많습니다. 중국, 타이 등의 아시아나 남미, 아프리카에서만 곤충요리를 먹는다고 생각하는 분들이 많은데, 최근에는 세계적으로 다양한 곤충요리가 보급되고 있는 추세입니다. 독일은 곤충으로 통조림을 만들고, 일본에서는 곤충을 요리로 만들어 상품화했으며, 서양식 레스토랑에도 곤충요리가 이미 자리를 잡았다고 합니다.
곤충이 소나 돼지 같은 가축보다 더욱 많은 영양분을 함유하고 있으며, 종의 다양성도 풍부하고, 그 수도 엄청나기 때문에 앞으로 다가올 식량위기에 대처하기 위한 미래의 식량자원으로도 부각되고 있습니다.

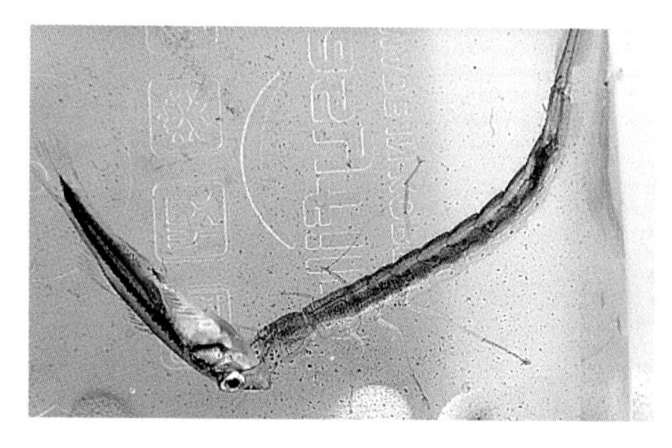

물방개가 배스치어를 포식하는 장면

물방개가 참붕어를 포식하는 장면

물방개

다. 10일간의 번데기 과정을 통해 완전탈바꿈을 하고 성충이 되면 몸이 유선형으로 변하게 됩니다. 물방개가 짧고 얇은 뒷다리와 두꺼운 몸을 가지고 있는데도 '다이빙 비틀(diving beetle)'이란 영명과 함께 물속의 수영선수라 불리는 이유 중의 하나가, 바로 물의 저항을 최소화하기 위해 앞부분은 곡선이고 뒤쪽으로 갈수록 뾰족해지는 형태인 유선형의 몸매 덕분입니다.

뒷다리에는 긴 잔털이 빈틈없이 많이 나 있어, 표면적을 넓히면서 더 많은 양의 물을 뒤로 밀어 내는 반작용을 일으킬 수 있기 때문에, 더욱 빠른 속도로 움직일 수 있습니다. 배를 타고 노를 저을 때, 노가 넓적할수록 더욱 빨리 전진할 수 있는 것과 같은 원리입니다. 또, 마이클 펠프스가 수영의 황제라고 불릴 수 있었던 이유 중의 하나도 350mm에 달하는 거대한 발 크기 덕분입니다. 발이 크고 넓적하니, 더 많은 양의 물을 뒤로 밀어내서 더욱 강한 반작용으로 앞으로 나아갈 수 있기 때문에, 상대적으로 발이 작은 다른 선수들보다 빠른 속도로 수영을 할 수 있습니다.

물방개 번데기

물방개 유충이 유선형의 럭셔리한 몸매를 갖추기 위해서는 우선 종령 애벌레를 거쳐 번데기가 되어야 합니다. 수영선수로 치면 고된 훈련과정을 거쳐야 하는 것으로, 번데기를 앞둔 종령 애벌레는 물가 주변의 흙을 파서 번데기방을 만듭니다. 대부분의 세월을 물속에서 보내는 육식 수서곤충들은 대개 번데기 과정을 거치지 않는 불완전탈바꿈을 하는 반면, 물방개는 10일이나 되는 긴 번데기 과정을 거쳐야 합니다. 물방개 수명이 2~3년인데, 사람의 수명을 80년으로 치면 250~400일을 번데기로 지내는 셈이니 물방개에게는 절대로 짧은 기간이 아닐 겁니다.

물방개는 수영 선수답게 폐활량도 아주 좋습니다. 딱지날개와 배 사이에 넓은 공간이 있는데, 이 공간에 산소를 포함한 공기를 저장합니다. 물방개는 물속에 머물러 있으면서 딱지날개와 배 사이에 저장해 놓은 산소를 소비하다가, 산소가 부족해지면 다시 수면 위로 올라가 항문 부분을 수면에 갖다 대 수면 위에 있는 공기를 받아들일 수 있습니다. 물방개가 한번 물 표면에서 얻는 공기로 물속에서 약 30분 동안 견딜 수 있습니다.

물방개는 확산을 이용해서 물 밖의 산소뿐 아니라 물속의 용존산소를 흡수하기도 합니다. 대기 중의 산소의 농도가 21%이고, 물속에 있는 공기의 용존산소 농도는 대기 중의 산소 농도보다 14% 높은 34% 정도로, 물방개가 저장한 공기도 마찬가지로 대기에서 가져온 것이기 때문에 산

애기물방개

꼬마줄물방개

검정물방개

소의 농도가 21%일 것이고, 산소를 조금씩 소비하면서 농도도 조금씩 줄어듭니다. 그래서 물속에 녹아 있는 용존산소가 확산에 의해 물방개의 몸속으로 조금씩 들어가서 보충해 줄 수 있습니다. 물방개 몸속에 저장해 놓은 산소 농도보다 물속의 용존산소의 농도가 더욱 높기 때문에 가능한 일입니다.

이렇게 되면 물방개는 산소가 부족해질 때마다 일일이 수면 위로 올라갈 필요가 없게 됩니다. 덕분에 물방개는 수면에서 공기를 공급받지 않고도 물속에서 최대 24~36시간을 견딜 수 있는데, 사람도 물속에서 3분 이상은 못 버티니 물방개는 정말 어마어마한 폐활량을 가지고 있다고 할 수 있습니다. 물방개는 폐로 호흡을 하면서도, 물고기의 아가미처럼 용존산소로도 호흡할 수 있는 대단한 재능을 가지고 있는 것입니다.

물방개는 천적을 만났을 때 도망치기 위한 생존전략도 가지고 있습니다. 자신이 위험에 처하거나 동료들에게 자신이 위험하다는 것을 알리는 신호로 엄청나게 고약한 냄새를 풍겨서 방귀벌레라는 이름을 가지고 있는 노린재를 아시나요? 물방개도 노린재랑 비슷하게 위험에 처하면 고약한 냄새를 풍기면서도 쓴 맛이 나는 하얀 액체를 분비합니다.

냄새 하면 생각나는 곤충이 노린재라고 하시는 분이 많은데, 물

곤충이 분비하는 물질들을 연구한 토머스 아이스너

미국 뉴욕 주에 있는 코넬 대학의 석좌교수 '토머스 아이스너'는 곤충이 분비하는 화학물질을 연구했던 곤충학자이자, 화학생태학자입니다. 그는 딱정벌레를 연구하던 도중, 딱정벌레가 꽁무니에서 연기와 매우 높은 온도의 열을 발생시키는 것을 보고 화학생태학이라는 학문에 뛰어들게 됩니다. 이후로 온도가 100도가 넘는 뜨거운 물질을 분비하는 곤충, 천적에게 잡아먹히지 않기 위해 다른 식물에 엄청난 접착력을 가진 물질을 분비하여 달라붙는 곤충, 페로몬 같은 물질을 분비해 동료나 짝을 유인하는 곤충, 물방개나 물맴이, 노린재, 무당벌레처럼 이상한 냄새와 쓴맛이 나는 물질을 분비하는 다양한 곤충들의 행동과 그 물질의 종류를 연구하고, 수많은 논문을 발표했습니다.

방개가 분비하는 액체의 냄새도 노린재 못지않게 지독하다고 합니다. 아마 물방개의 지독한 냄새와 쓴맛을 보게 된 천적은 다시는 물방개를 먹을 생각조차 하지 않게 될 겁니다.

지금부터는 물방개의 짝짓기에 대해서 알아보겠습니다. 물방개가 짝짓기를 하기 위해서는 수컷이 암컷의 등에 올라타야 하는데 물방개의 등짝이 워낙 매끈매끈한 데다 물속에 있으니, 수컷이 암컷의 등에 몸을 고정하는 게 쉽지 않습니다. 설사 수컷이 암컷의 등에 찰싹 달라붙어 고정에 성공한다고 해도, 짝짓기를 하고 있는 수컷을 다른 수컷들이 가만히 둘리가 없을 겁니다.

짝짓기를 위해서 물방개 수컷은 두 앞다리에 접착성 있는 물질이 분비되는 넓적한 빨판을 가지고 있습니다. 암컷의 등짝은 수컷에 비해 상대적으로 덜 매끈한 편이라서 수컷이 더욱 쉽게 암컷의 등에 올라타 몸을 고정할 수 있습니다. 짝짓기를 하는 과정에서 발생하는 문제를 극복하기 위해 알맞게 진화한 셈이라고 할 수 있습니다.

물방개 짝짓기

이제 수컷은 앞다리 빨판에 접착성 있는 물질을 분비하여 암컷의 몸을 붙들고 짝짓기를 시작합니다. 짝짓기를 마친 암컷은 수서식물의 줄기에 구멍을 뚫고 알을 낳습니다. 이 알들이 자라 최종적으로 살아남은 아이들이 수영선수라는 명예를 획득할 수 있을 겁니다.

17 물속에서 1~2년을 사는(?) 하루살이

유충으로 1~7년을 사는 매미

매미 유충은 나무뿌리의 수액을 먹으며 성장하는데, 짧게는 1~2년, 길게는 7년을 유충의 상태로 지내다가 땅 밖으로 나와 탈피를 하고 성충이 됩니다. 그 후 암컷과 수컷이 서로 눈이 맞게 되면 짝짓기를 통해 알을 낳고, 알을 낳은 매미 짝은 힘이 다해 나무에서 떨어져 목숨을 거두게 됩니다.

성충으로 한 달을 사는 매미
성충으로 30분~열흘을 사는 하루살이!

제가 초등학생이었을 때 아버지와 나눴던 대화입니다.

"아빠, 하루살이가 정말 하루밖에 못 살아요?"

"그렇단다."

“아, 불쌍하다. 그럼 하루살이는 겨울을 어떻게 지내요?”

아버지는 당황하셨는지 이렇게 말씀하시더군요.

“응? 무슨 소리야?”

“하루밖에 못 산다면서요. 그럼 겨울에도 보여야 되는 거 아니에요? 그럼 겨울은 어떻게 나요?”

“그러니까 겨울에는 추워서 알에서 하루살이가 태어나지 않는 거야. 봄이 되면 태어나는 거지.”

아버지와 저의 하루살이에 대한 대화는 이렇게 끝났습니다. 제가 어렸을 때는 하루살이가 정말 알에서 깨어나 하루만 살다가 죽는 줄 알았지만, 하루살이는 하루만 살다 죽는 곤충이 아닙니다. 저와 아버지도 그랬듯이, 의외로 하루살이의 한살이에 대해 모르는 분이 많이 계실 겁니다.

강하루살이 유충

연못하루살이 유충

하루살이는 많은 분들이 생각하는 것과 달리, 유충 상태로 깨끗한 물속에서 1~2년을 보내고 성충이 되면 약 하루 안에, 길면 일주일 안까지 짝짓기를 하고 생을 마감하는 곤충입니다.

만약 하루살이에게 진짜로 하루뿐인 짧은 목숨이 주어진다면 어떻게 될지 생각해 봅시다. 모든 생물들은 태어난 후 영양분을 섭취해서 신체성

장을 한 후에 일정 기간이 지나면 생식능력을 갖추고 번식을 하게 되는데, 하루 만에 영양분을 섭취하고 신체를 성장시켜서 생식능력을 갖춘 후 번식까지 하는 것이 가능할 리가 없을 겁니다. 그래서 하루살이는 1~2년간의 긴 유충생활 동안, 유기물이 풍부한 강 속에서 영양분을 섭취해 신체성장을 하면서, 생식능력을 갖춘 성충이 되기 위한 준비를 해야 합니다.

하루살이 성충의 명이 워낙 짧다 보니 예로부터 내려오는 하루살이와 관련된 속담도 많이 있습니다. 그중에 '여름 하루살이에게 얼음 이야기 한다.'는 속담은 하루살이 성충을 대개 날씨가 따뜻한 4~7월 사이에 많이 볼 수 있고, 활발하게 활동하기 때문에 만들어졌습니다. 겨울을 겪어 본 적이 없는 하루살이에게 겨울과 얼음은 완전히 딴 세상 이야기일 겁니다. 하지만 하루살이가 겨울을 겪지 않는다는 말은 이제 옛날 말인 듯싶습니다. 하루살이가 유충으로 1~2년을 사는 이상, 적어도 한 번 또는 두

번의 겨울을 나야 하니까 말입니다.

하루살이는 앞에서 설명한 날도래와 비슷하게 1~2년 동안 유충 상태로 물속 생활을 하면서 나뭇잎이나 부식질(150쪽 참고)을 먹고 삽니다. 또, 동물 플랑크톤처럼 영양물질을 분해하여 물을 깨끗하게 하는 좋은 곤충입니다. 물속에 영양물질이 너무 많으면 물이 탁해질 수 있기 때문에 하루살이는 날도래만큼이나 담수생태계에 중요한 위치를 점하고 있는 생물입니다.

아주 많은 사람들이 하루살이가 더러운 해충이라고 생각하는 것 같습니다. 아마도 가끔씩 사람들의 머리 주변을 무리지어 날아다니는 곤충들을 하루살이로 착각하는 분이 많기 때문인데, 이런 곤충들은 하루살이가 아니라, 깔따구 등의 날파리들입니다.

깔따구 같은 곤충들은 유충 시절 4급수의 더러운 물에만 서식하는 곤충들인 반면, 하루살이는 유충 시절 깨끗한 물에 주로 서식하는 곤충입니다. 구별방법도 그리 어렵지 않은 것이 하루살이는 깔따구보다 적어도 2~3배 이상 크고, 뒷부분에 2개 또는 3개의 긴 꼬리를 가지고 있습니다. 또, 하루살이 중에서는 노란색이나 흰색에 가까운 회색을 가진 종도 있기 때문에 색깔로도 충분히 구별이 가능합니다.

하루살이는 2~3급수에 서식하는 일부 종을 제외하면 대부분 1급수에서 서식하는 곤충이기 때문에 최근에는 보기 쉽지 않습니다만, 비교적 자연이 잘 보존된 지역에서 4~7월의 해가 지기 시작하는 저녁에는 갓 우화를 마친 형형색색의 아름다운 하루살이들을 볼 수 있습니다. 성충으로서의 새로운 삶을 맞이한 하루살이는 종에 따라 다르지만 짧으면 30분에서 길면 열흘 동안 살게 됩니다.

하루살이 수컷은 우화하고 나면 얼마 남지 않은 성충으로서의 삶을 즐

골짜기하루살이

등줄하루살이

흰꼬리하루살이

길 여유도 없이, 지상 5~10m 높이에서 무리를 지어 허공을 오르락내리락 하며 열정적이고 화려한 군무를 추기 시작합니다. 하루살이 수컷이 허공에 한 마리만 있으면 워낙 작아서 잘 안 보이지만, 여러 마리가 모여서 군무를 추면 암컷들에게 아주 잘 보일 수 있습니다. 이렇게 하루살이 수컷들의 암컷을 찾기 위한 열정적인 군무는, 자신이 죽음을 맞이할 때까지 멈추지 않습니다. 어떻게든 암컷을 만나야 자손번식이라는 궁극적인 목표를 이룰 수 있기 때문에 수컷은 군무에 거의 목숨을 걸다시피 합니다. 이런 간절함과 열정 때문인지, 하루살이 무리의 군무는 정말 환상적이라 불릴 정도로 아름답습니다.

이때 군무를 추는 수컷에게 한 암컷이 다가옵니다. 이때다 싶은 수컷은 암컷에게 다가가 짝짓기를 시도합니다. 결국 암컷과의 짝짓기에 모든 힘을 쏟아낸 수컷은 곧 죽음을 맞이하게 되고, 암컷도 물속에 알을 낳고 곧 수컷을 따라 저세상으로 가게 됩니다. 비록 짧은 삶이고, 하룻밤뿐인 사랑이지만 자신의 궁극적 목표인 자손번식을 성공적으로 이뤄냈으니, 하루살이의 삶은 결코 헛되지 않을 겁니다. 하지만 짝을 만나지 못한 수컷은 다음 날을 기약해야 합니다. 만약 자신의 자손을 번식시키지도 못한 채 죽음을 맞이한다면 하루살이는 이보다 서러울 수 없을 겁니다.

아무튼, 하루살이의 종족번식 본능은 어떤 곤충보다도 대단한 것 같습니다. 특히, 하루살이가 성충이 되면 입이 퇴화되어 사라지고 몸속에는 가스만 가득 차서 먹고 싶어도 먹을 수가 없게 됩니다. 이것은 먹는 것보다는 빨리 짝을 만나 짝짓기를 하여, 자신의 자손을 번식시킬 수 있도록 진화한 것입니다. 그래서 하루살이는 아무것도 먹지 못하고 군무를 추며 짝짓기를 해야 하는 성충 시기를 대비하기 위해, 유충 시기 동안 많이 먹어둠으로써 성충 때 군무와 짝짓기에 사용할 에너지를 축적해 놓습니다.

하루살이는 오직 열정적인 성충으로서의 짧은 하루를 위해 1~2년이나 되는 긴 시간을 성충이 되기를 준비하고, 기다리는 모양입니다.

비록 많은 사람들이 의미 없고 덧없는 인생을 살고 있는 사람을 하루살이 인생을 살고 있다고 말하지만, 하루살이는 하루밖에 안 되는 짧은 삶이라도 자신의 자손을 번식시키기 위해 어떤 곤충보다도, 열정적으로 번식을 준비하고, 삶을 마감하는 곤충이라고 할 수 있습니다.

18 물 위를 걷는 소금쟁이

물 위를 걷는 바실리스크 이구아나

중앙아메리카에 서식하는 바실리스크 이구아나는 물 위를 걸어 다닐 수 있기 때문에 예수의 기적을 방불케 한다고 해서 '예수 도마뱀'이라고도 불립니다. 천적이 나타나면 재빨리 강으로 도망쳐 물 위를 약 5m 이상 전속력으로 걸어갑니다. 이런 일이 가능한 이유는 바실리스크 도마뱀의 순발력과 편평하게 생긴 뒷다리, 표면장력 때문입니다.

바실리스크 이구아나도 물 위를 걷지만
물 위를 걷는 대표적인 동물은 당연히 소금쟁이죠!

물의 흐름이 거의 없는 고인 물이나, 아주 천천히 흐르는 맑은 개울에는 항상 소금쟁이들이 있습니다. 대체 어디서 날아왔는지 모르겠지만 비가 만들어 놓은 진흙탕의 고인 물에도, 건물 옥상의 고인 물에도 항상 소금쟁이가 나타나서 물 위를 노닐고 있습니다. 그만큼 많은 사람들이 가장

소금쟁이

흔하게 접할 수 있어 친숙하게 느끼는 곤충이기도 합니다.

소금쟁이의 가장 큰 매력은 역시 물 위를 걷는다는 것입니다. 그래서 예수님 벌레(jesus bugs)라는 독특한 별명도 가지고 있습니다. 소금쟁이가 이렇게 물 위를 걸을 수 있는 이유는 액체가 표면적을 줄이기 위해 작용하는 힘인 표면장력 때문입니다. 예를 들어, 물방울의 경우 최대한 표면적을 줄이기 위해 물방울 안에서 표면에 있는 물 분자들을 안쪽으로 잡아당기는 표면장력이 작용하여 물방울이 동그랗게 형성되는 겁니다.

소금쟁이도 마찬가지로 발이 물에 닿게 되면 물이 오목하게 들어가 표면적이 넓어지기 때문에, 물의 표면은 소금쟁이의 발을 위로 밀어 올려 표면적을 줄이려 하는데, 이것이 바로 소금쟁이가 표면장력으로 물에 뜰 수 있는 원리입니다. 실제로 소금쟁이가 물에 떠 있을 때 소금쟁이의 다리와 물이 맞닿아 있는 부분을 보시면 물이 마치 보조개처럼 오목하게 들어가 있는 것을 보실 수 있을 겁니다.

이렇게 소금쟁이가 표면장력의 원리로 물에 뜰 수 있는 이유는 0.02g 정도밖에 안 되는 가벼운 체중 덕분입니다. 워낙 체중이 가벼우니 중력으로 인해 아래로 작용하는 소금쟁이의 무게보다, 위로 작용하는 표면장력이 더욱 크게 작용할 수 있고, 소금쟁이의 다리를 현미경으로 확대해 관찰해 보면 잔털이 무수히 많이 나 있는데, 이 잔털에서 분비되는 기름이 물을 밀어내 표면장력을 더욱 강하게 작용할 수 있게 합니다. 잔털이 물과 접촉하게 되면 공기방울이 잔털 사이사이에 들어가게 되는데, 이 공기방울이 작용하는 부력도 소금쟁이가 물에 뜨는 데에 크게 영향을 미칩니다. 또 체중을 사방으로 분산시켜 주는 소금쟁이의 마스코트, 4개의 긴 다리도 중요하게 작용합니다. 소금쟁이가 물에 뜨기 위한 여러 가지 방법들을 보니, 소금쟁이는 오직 물에 뜨기 위한 최적의 신체만을 고집하며 진화해온 모양입니다.

등빨간소금쟁이

소금쟁이는 이런 방식으로 물 위를 떠다니다가 죽은 곤충이 수면으로 떨어지면 잽싸게 달려가 체액을 빨아 먹는 육식곤충입니다. 육식성이라면 대부분 몸집이 크고 힘도 센 다른 곤충들과는 달리 체중도 가볍고, 몸집도 약 1~1.5cm 정도로 매우 작아서 다른 초식곤충과 별 다를 것 없이 새나 물고기들의 먹잇감으로 전락하곤 합니다. 그런 것들을 보완하기 위해 소금쟁이 다리의 감각은 아주 미세하게 약 수백, 수천 분의 1mm 높이로 잔물결이 일어도 알아채는데 인간이 감히 상상할 수 없을 정도로 예민합니다.

육식성인데 몸집도 작고 힘도 약한 데다, 천적에게 잡아먹힐 위험은 항상 도사리고 있으니 이렇게 예민한 것은 어찌 보면 당연할 수밖에 없을 겁니다. 실시간으로 잔물결의 파동을 감지해서 자신이 위험하다는 것을 느끼면 빨리 도망칠 수 있고, 먹잇감이 수면 아래로 떨어지면서 생기는 잔물결을 감지하면 다른 경쟁자들에게 먹이를 빼앗기기 전에 빨리 달려

가 먹이를 차지할 수 있습니다. 도대체 감각기관이 얼마나 발달해 있는 것인지 정말 놀라울 따름입니다.

급기야 큰 위험에 처해서 물 위에서만 천적을 피해 도망치는 것만으로는 승산이 없다고 느낄 때에는 날개를 펴고 하늘을 날기도 합니다. 소금쟁이가 사는 물웅덩이는 곧 마르게 되는 경우가 다반사이기 때문에 날개는 다른 지역으로 이동하는 데에도 큰 도움이 됩니다. 그래서 우리가 가끔씩 건물 옥상의 물웅덩이에서 소금쟁이를 볼 수 있는 겁니다.

소금쟁이의 민첩성도 경쟁하는 다른 포식자보다 먼저 먹이를 차지하고, 천적에게 잡아먹히지 않기 위한 방법입니다. 소금쟁이가 물 위를 걷는 모습을 보면 마

유튜브 동영상 QR
Water strider hunts flies and damselflies
외국에 서식하는 소금쟁이 한 종이 물결을 감지하고 물에 떨어진 곤충들을 사냥하는 장면이 나옵니다.

잠자리를 잡아먹고 있는 소금쟁이 무리

소금쟁이의 민첩성에 대한 연구

소금쟁이가 워낙 빠르게 물 위를 걷다 보니 소금쟁이가 어떻게 빠르게 움직일 수 있는지에 대한 연구는 오래 전부터 진행되고 있었습니다. 2003년 전까지도 소금쟁이가 빠르게 물 위를 걸을 수 있는 이유는 확실하게 밝혀지지 못했습니다. 소금쟁이가 앞다리로 몸을 떠받치고, 뒷다리로 방향을 잡고, 가운뎃다리로 물을 뒤로 밀어 생기는 반작용으로 잔물결을 만들어 앞으로 나아간다고 생각했었습니다. 소금쟁이가 물을 뒤로 밀어 생기는 잔물결로 빠르게 물 위를 걷기 위해서는 다리를 움직이는 속도가 엄청나게 빨라야 하지만, 소금쟁이 유충의 경우에는 다리가 빠르지 않은데도 소금쟁이 성충만큼이나 움직일 수 있다는 점에서 오류가 있었는데, 이를 데니가 주장했다 하여 '데니의 패러독스(모순)'라 불리고 있었습니다.

2003년 미국의 매사추세츠 공대(MIT)의 과학자들이 소금쟁이가 빨리 움직일 수 있는 이유는 소금쟁이가 물을 뒤로 밀면서, 동시에 소용돌이를 만들어 앞으로 나아가기 때문이라는 사실을 밝혀내게 됩니다. 물론, 잔물결도 만들어 냈지만 잔물결에 의한 효과는 거의 없었다고 합니다.

즉, 소금쟁이가 물 위를 빠르게 걸을 수 있는 것은 새가 하늘을 나는 원리와 비슷하다고 보시면 됩니다. 새는 날개를 땅 방향으로 밀어내고 다시 날개를 하늘 방향으로 올리는 과정에서 소용돌이를 만들어서 하늘을 날고 있습니다.

치 스케이트를 타듯이 빠르게 미끄러지는 것처럼 보이는데, 사실 소금쟁이의 다리가 워낙 빠르기 때문에 그렇게 보이는 것이라고 합니다.

소금쟁이는 1초에 자기 몸길이의 약 100배까지 이동하는 것이 가능합니다. 키가 170cm인 사람이 1초에 170m를 움직이는 것과 같다고 보시면 되는데, 키가 195cm인 육상선수 우사인 볼트의 100m달리기 세계신기록이 9초 58이니 소금쟁이와 우사인 볼트의 신체 크기가 똑같다는 가정하에 소금쟁이가 우사인 볼트보다 18~19배 정도 빠르다고 할 수 있습니다.

이런 예민한 감각기관과 민첩성 덕분에 성체가 된 소금쟁이는 하루에 적어도 5마리 이상의 곤충시체를 먹어치울 수 있는데, 0.02g밖에 안 되는 체중에 비해 엄청나게 많이 먹는다고 볼 수 있습니다. 곤충시체로 인해 물이 오염되지 않도록 하는 청소부인 셈입니다.

가냘프고 작아만 보이는 육식곤충 소금쟁이가 만약 먹이 부족으로 극심한 배고픔을 겪게 되면 동족을 사냥하고 잡아먹기도 합니다. 물에 떨어져 죽어가거나, 혹은 죽은 곤충만 먹고 사는 소심한 소금쟁이의 모습과는 완전히 상반되지만, 자신이 생존하기 위해서는 뭔들 못할까요? 실제로 무인도에서 조난당한 사람도 살기 위해 죽은 동료의 인육을 먹은 적도 있다고 하니까 어찌 보면 그리 놀라운 일도 아닙니다.

소금쟁이 짝짓기

소금쟁이는 먹이를 먹으며 천적을 피해가면서도, 혹은 동족을 잡아먹으면서도 한 해에 2~3번 이상 짝짓기를 하며 많은 알을 낳는 곤충이기도 합니다. 소금쟁이 수컷은 짝짓기를 하기 위해 암컷을 졸졸 따라다니며 구애 활동을 하지만, 암컷은 자신을 귀찮게 하는 수컷이 싫은지 다른 곳으로 도망가 버리는 경우가 대부분입니다. 그래도 수컷은 포기하지 않고, 강제적으로 암컷의 등에 올라가 짝짓기를 시도하는데, 이게 소금쟁이 수컷의 짝짓기 방법입니다.

아무래도 소금쟁이 암컷은 사랑이라는 감정을 모르는 모양입니다. 그리고 소금쟁이의 경우에는 특이하게도 암컷의 생식기가 바깥으로 돌출되어 있기 때문에, 암컷이 짝짓기에 적극적으로 협조할 필요가 없습니다. 수컷은 단지 암컷의 등에 올라타 암컷의 생식기에 자신의 생식기를 갖다 대기만 하면 됩니다.

소금쟁이의 일부 종들 중에서는 암컷의 생식기가 돌출되지 않아 수컷이 강제로 짝짓기를 할 수 없는 경우가 있는데, 이때에는 수컷이 미세한 물결을 일으켜 암컷에게 신호를 보내 유인합니다. 암컷이 수컷의 사랑을 받아 주면 생식기를 내밀고 짝짓기가 진행됩니다.

소금쟁이를 겉으로 보면 다 비슷비슷하게 생겼지만, 원래 소금쟁이는 종수가 꽤 다양해서 종마다 번식법이 조금씩 다릅니다. 우리나라만 해도 소금쟁이과에 약 18종, 깨알소금쟁이과에 약 6종이 있고, 세계적으로는 약 100종이나 되는 소금쟁이가 분포하고 있습니다. 1종뿐일 줄 알았던 소금쟁이가 알고 보니 이렇게 다양한 종류가 있다니, 저도 처음 알게 되었을 때는 깜짝 놀랐습니다.

19 해충처리 전문가 잠자리

해충이란?

인간생활에 피해를 주는 곤충들을 의미합니다. 대표적으로 모기, 바퀴벌레, 나방 등이 있습니다. 사람의 피를 빨아먹는 모기처럼 직접적으로 해를 가하는 해충도 있고, 바퀴벌레나 나방 유충처럼 농작물에 피해를 주거나 전염병을 퍼트리는 등 간접적으로 해를 가하는 해충도 있습니다. 사람들은 살충제, 농약 등을 사용하여 해충들을 방제하고 있습니다.

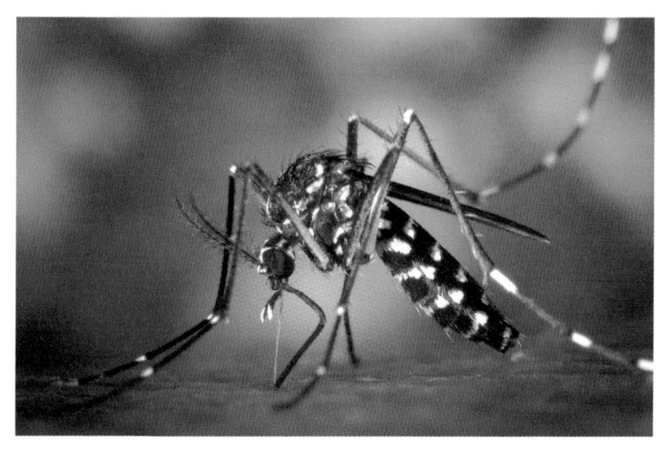

인간생활에 피해를 주는 해충들은
나, 잠자리에게 맡겨라!

잠자리는 제가 어렸을 때 가장 많이 접했던 곤충입니다. 여름이나 가을이 되면 건물 위의 옥상이나 산에서 잠자리를 잡았는데 가장 흔한 곤충이었기 때문입니다. 하지만 잠자리를 잡은 후 보게 되는 잠자리의 얼굴은 저에게 공포감을 느끼게 했었는데, 잠자리 얼굴이 마치 우리가 상상하

밀잠자리

깃동잠자리

는 외계인의 얼굴과 비슷하게 생겼기 때문입니다. 저는 어렸을 때 가끔 TV나 만화책에 나오는 외계인을 잠자리의 얼굴을 본 따서 만든 것이라 생각했었습니다. 잠자리는 생긴 것처럼 난폭한 성격을 가진 곤충이기도 합니다.

동서양의 용(dragon)에 대한 인식 차이

한국, 중국, 일본을 포함한 동양에서는 용이 날개 없이 하늘을 날아다니는 신성한 존재로 인식되고 있습니다. 그래서 인간에게 좋은 일을 가져다준다고 알려져 있습니다. 반면, 서양에서의 용은 인간을 괴롭히는 사악한 존재로 인식되고 있습니다. 용에서 유래한 잠자리의 영명 'dragonfly'도 잠자리 특유의 난폭함과 무섭게 생긴 외모 때문에 지어진 것으로 보입니다.

고추잠자리 수채

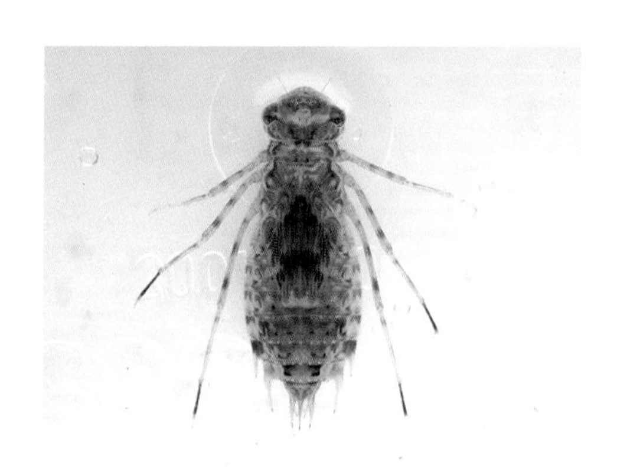

된장잠자리 수채

잠자리가 많은 곤충들의 공포의 대상이라는 사실을 알려주면, 몰랐다며 놀라시는 분들이 많습니다. 잠자리는 'dragonfly(드래곤플라이)'라는 이름에서도 알 수 있듯이 굉장히 난폭하고 자기보다 작은 곤충이라면 물불을 가리지 않고 잡아먹는 무서운 곤충입니다. 말벌마저도 잠자리의 상대가 되지 못할 정도입니다.

하지만 모기나 깔따구 같은 해충들을 잡아먹는 익충이기도 합니다. 잠자리는 전 세계적으로 5,000종이 알려져 있고 국내에는 107종이 서식하고 있는데, '해충처리 전문가'라는 별명도 가지고 있습니다.

해충을 잡아먹는 대식가, 잠자리 성충의 난폭함은 유충 때부터 시작됩니다. 갓 태어난 1령 애벌레는 난황을 먹으며 버티는 약한 곤충이지만, 2령부터는 물벼룩 같은 작은 수생동물들을 잡아먹기 시작합니다. 주로 물속 바닥의 흙이나 돌에 몸을 숨겼다가 먹잇감이 지나가면 순식간에 먹잇감을 덮쳐 자기가 숨었던 보금자리로 끌고 가고, 물의 바닥쪽에서 헤엄치다가 발견한 먹잇감을 낚아채기도 합니다.

잠자리가 애벌레일 때에는 이런 방식으로 모기 애벌레, 하루살이 애벌레, 날도래 애벌레, 올챙이나 작은 민물고기 같은 생물들을 잡아먹으며 살고, 심지어는 같은 육식곤충인 장구애비나 물자라를 잡아먹기도 합니다. 그 아버지에 그 아들이라더니, 어린 애벌레 시기부터 사냥꾼의 본능을 보여줍니다.

물잠자리 수채

실잠자리, 물잠자리와 잠자리의 구별

실잠자리와 물잠자리는 날개를 접고 앉는 반면, 잠자리는 날개를 편 상태로 앉는다는 점에서 큰 차이가 납니다. 또 물잠자리는 실잠자리와는 달리 검은 색의 날개를 가지고 있어서 쉽게 구별할 수 있습니다.

그렇다면 유충시절의 잠자리와 실잠자리, 물잠자리는 어떻게 구별을 할까요? 일단 실잠자리와 물잠자리 유충은 큰 차이가 없지만, 잠자리와 실잠자리, 잠자리와 물잠자리는 쉽게 구별이 가능합니다. 잠자리 애벌레는 아가미가 항문 안쪽에 감춰져 있지만, 실잠자리와 물잠자리 애벌레는 항문 부분에 꼬리아가미라고 부르는 3개의 아가미가 겉으로 드러나 있습니다.

잠자리 애벌레의 가장 큰 특징은 아랫입술이라고 할 수 있는데, 먹잇감을 사냥하지 않고 있을 때에는 아랫입술을 머리 아래에 접어놓았다가 먹잇감이 나타나면 접혀 있던 아랫입술이 스프링처럼 튀어나와 먹이를 낚아챕니다. 아랫입술이 길게 늘어난 잠자리 애벌레의 얼굴을 보면 얼마나 징그럽고 무서운지, 만화영화에 나오는 외계인들과도 비교할 수 없을 정도입니다. 잠자리보다 훨씬 강한 존재인 사람도 잠

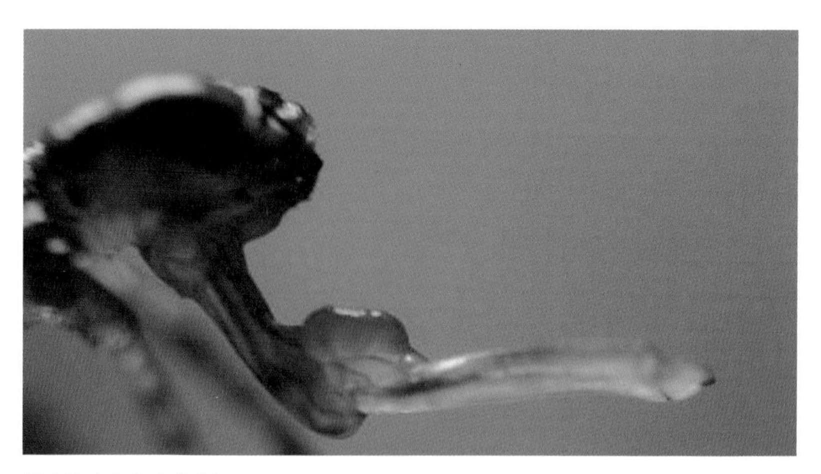

황줄왕잠자리 아랫입술

자리에게 이런 공포심을 느끼는데, 잠자리 애벌레에게 잡힌 수서곤충들은 얼마나 큰 공포심을 느낄지 짐작할 수조차 없습니다.

짧으면 1년, 길면 5년 동안 수많은 해충의 유충들과 작은 민물고기, 수서곤충들을 잡아먹으며 성장한 잠자리 애벌레는 이제 조용한 새벽에 바위나 나뭇가지에 올라가 불완전변태를 하고, 완전한 성충이 되어 4개의 긴 날개를 펼쳐 하늘을 날게 됩니다. 그리고 본격적으로 해충처리 전문가로서의 활동을 시작하게 됩니다. 어떤 전문가는 잠자리를 '폭격기'나 '제트기'라 부르기도 하던데, 충분히 이런 별명을 가질 만도 합니다. 대부분의 잠자리는 평생 800마리 이상의 해충을 잡아먹는데, 어떤 잠자리 종은 하루에 300마리나 되는 엄청난 수의 해충을 잡는다고 합니다.

유튜브 동영상 QR
Great Dragonfly hunt different insects
잠자리가 다른 곤충을 사냥하는 장면이 나옵니다.

해충들을 잡아먹는 잠자리들의 가장 큰 무기는 가시털이 박혀 있는 무시무시한 다리로, 한번 잡은 먹잇감은 절대로 놓치지 않

푸른아시아실잠자리

실잠자리 짝짓기

습니다. 가시털이 박힌 무시무시한 다리로 먹잇감을 움켜쥐면, 그 먹잇감은 절대로 빠져나가지 못하고, 잠자리의 이빨은 곤충이 가진 이빨이라고는 믿기지 않을 정도로 날카롭고 튼튼합니다. 가끔 잠자리채로 잠자리를 잡아서 채에 있는 잠자리를 꺼내다 물린 적이 있는데, 피가 날 정도로 상당히 아팠습니다. 그러니까 사람보다 훨씬 작은 곤충이 잠자리의 입에 씹힌다면 얼마나 고통스러울지 상상이 안됩니다.

잠자리는 엄청나게 빠른 속도로 나는데, 빨리 날면 최대 60km/h까지 날 수 있습니다. 더 놀라운 것은, 이렇게 빨리 날아도 나는 소리는 거의 나지 않기 때문에 먹잇감에게 빠르면서도 조용히 접근하여 재빨리 낚아채 잡아먹을 수 있습니다. 미국항공우주국(NASA)에서는 잠자리의 비행기술을 연구하여 우주항공기술에 적용시키고 있고, 우리나라 항공운항 분야에도 잠자리의 비행과 관련된 논문이 나올 정도라고 하니, 잠자리의 비행기술이 얼마나 뛰어난지 알 수 있습니다.

머리의 대부분을 차지하는 눈도 시력이 매우 좋아 천적을 피하거나 먹잇감을 찾을 때 사용하는데, 눈이 워낙 크고 둥글어서 앞쪽은 물론이고, 뒤쪽까지 볼 수도 있습니다. 그래서 멀리 위치한 먹이를 발견하거나, 사방으로 공격해 오는 천적을 피하는 데에 상당히 유리합니다.

잠자리는 종마다 다르지만 대개 여름에서 가을이 되면 짝짓기가 시작됩니다. 잠자리 수컷은 다른 곤충과 달리 암컷을 유인한다거나 유혹하는 법은 없지만, 무리지어 생활하기 때문에 암컷을 만나는 게 어렵지는 않습니다. 수컷들은 우수한 암컷을 차지하기 위해 치열한 싸움을 벌이는데, 싸움에서 승리한 수컷만이 암컷과 눈이 맞아 짝짓기를 하게 됩니다. 짝짓기를 하는 과정에서 암컷과 수컷이 서로의 생식기를 교접해서 하트 모양의 자세를 연출하기도 합니다.

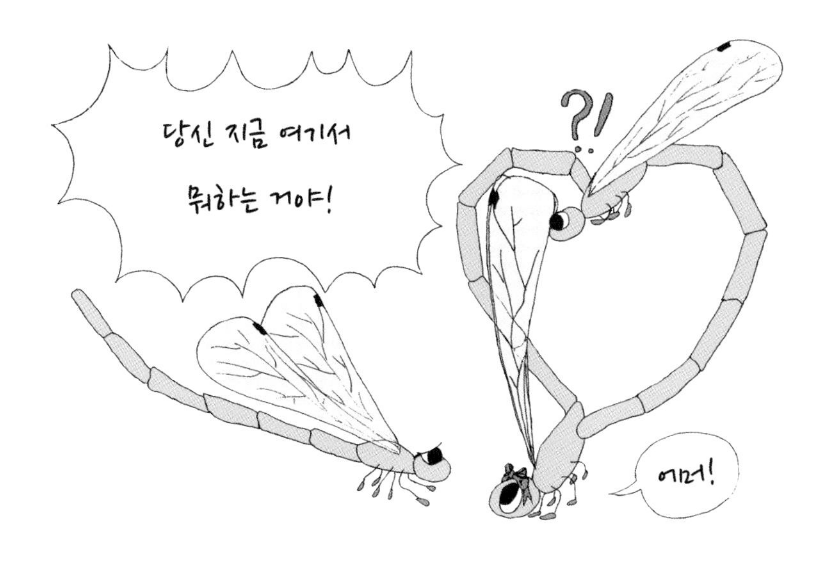

수컷이 암컷의 저정낭에 정자를 넣어 짝짓기를 끝내고 나면, 수컷은 암컷의 곁을 떠나지 않고 계속 쫓아다닙니다. 암컷은 수컷과의 짝짓기를 마치고 나면 또 다른 수컷과 짝짓기를 하는데, 짝짓기 과정에서 수컷이 암컷의 저정낭에 있는 다른 수컷의 정자를 파내 없애버리기도 합니다. 그래서 수컷은 암컷에게 준 자신의 정자가 다른 수컷과의 짝짓기 과정에서 버려질까 걱정이 되어 암컷을 계속 쫓아다니는 것입니다.

모든 생물들은 자신의 유전자를 자손을 통해 널리 퍼트리려는 본능이 있는데, 잠자리 수컷은 암컷에게 준 정자가 다른 수컷 때문에 제거되면 자신의 유전자를 퍼트리려는 노력이 허사가 될 수도 있어 짝짓기를 한 암컷의 주위를 맴돌며 자신의 정자가 무사하기를 바라는 모습도 보여줍니다. 잠자리는 난폭하다 못해 걱정도 많은 곤충인가 봅니다.

곤충공포증을 가진 사람들은 가장 무서운 곤충 중의 한 종이 잠자리라

현재 잠자리의 조상 메가네우라

약 3억년 전, 고생대 석탄기에는 크기가 70cm에 육박하는 거대 잠자리 메가네우라가 살았습니다. 이렇게 큰 잠자리가 살 수 있었던 것은 현재 대기의 산소 농도인 20%보다 10% 더 높았기 때문에 몸집이 커도 산소를 몸속에 쉽게 순환시킬 수 있었습니다. 시간이 지나면서 대기의 산소 농도가 감소하기 시작했으며, 잠자리의 크기가 작을수록 새 같은 천적으로부터 빨리 도망치는 게 가능했습니다. 그래서 자연선택에 의해 잠자리의 크기가 작아지는 방향으로 진화하게 되었고, 현재는 약 7~12cm 정도 크기의 잠자리만이 지구상에 존재하고 있습니다.

고 말하지만, 잠자리는 징그럽게 생긴 겉모습과 달리 유충 시기와 성충 시기 모두 해충을 잡아먹는 중요한 곤충입니다. 우리나라에서는 잠자리를 대량 사육해서 여름철에 난리를 부리는 파리와 모기를 처치하는 데에 사용하고 있습니다. 다른 인공 살충제들이랑은 달리 환경에 해롭지 않은 천연 살충제인 셈입니다.

잠자리가 만약 멸종된다면 모기, 파리와 같은 해충들이 바글거리는 세상에 살게 될지도 모릅니다.

20 물속의 무법자 게아재비와 장구애비

곤충의 제왕 사마귀

사마귀는 몸길이가 6~10cm에 달하는 매우 큰 곤충으로, 나뭇가지나 벼, 풀 위에서 보호색으로 위장해 있다가 벌, 개미, 메뚜기 등의 곤충을 먹으며 서식합니다. 얼마나 난폭한지, 때로는 개구리나 도마뱀 같은 양서류나 파충류를 잡아먹고, 심지어는 짝짓기를 마친 암컷이 영양분을 보충하기 위해 수컷을 잡아먹기도 합니다.

물속에도 사마귀를 닮은 곤충이 있으니
바로 게아재비입니다.

물풀이 많고, 유속이 느린 하천이나 연못을 잘 살펴보면 사마귀랑 비슷하게 생긴 황갈색의 작은 곤충이 있습니다. 마치 길쭉한 나뭇가지나 나무젓가락을 이어 붙여 만든 듯한 조형물 장식 같은 외모에, 그 이름까지 독특한 곤충이 게아재비입니다.

아무래도 '아저씨'를 의미하는 낮춤말 '아재비'에, 게처럼 갑각으로 몸이 둘러싸인 듯 튼튼한 느낌이 드니까 두 이름을 합쳐서 게아재비! 즉, 게를 닮은 아저씨라는 말에서 유래된 이름인가 봅니다. 게아재비를 다른 말로 '물사마귀'라고도 하는데, 저는 이 이름이 더 어울리는 것 같다고 생각합니다. 삼각형 모양의 머리, 일자로 길쭉하게 뻗어 있는 몸매, 몸쪽으로 굽는 낫 같은 앞다리, 길쭉한 뒷다리까지, 사마귀와 유사한 점이 매우 많아서 입니다.

게아재비는 물사마귀라는 이름이 무색하게 몸놀림이 그리 날렵하지 못한 곤충입니다. 게아재비가 물속에서 수영을 하는 모습을 보면 마치 수영을 못하는 사람이 물에 빠져 허우적거리는 것처럼 보입니다. 그래서 주로 걷거나 기어 다니고, 물풀에 숨어 있다가 지나가는 먹이를 길쭉한 두 앞다리로 낚아채는 방식으로 사냥합니다. 몸이 워낙 나뭇가지와 비슷하게 생기다 보니 물풀에 숨으면 게아재비의 몸이 물풀의 일부가 된 듯 잘 보이지 않게 됩니다.

게아재비는 물풀에서 오랜 잠복을 하다 작은 물고기나 올챙이 등의 먹잇감을 낫 같은 앞다리를 이용해서 잡고, 바늘처럼 뾰족한 주둥이를 먹잇감의 몸에 찔러서 소화효소를 주입합니다. 게아재비의 다리에 붙잡혀 있는 먹이는 처음에는 빠져나가기 위해 저항하다가, 결국엔 게아재비의 소화효소에 의해 몸이 분해되어 죽고 맙니다.

이렇게 먹잇감이 소화효소에 의해 잘 분해되면 게아재비는 먹잇감의 체액을 빨아먹으며 영양분을 섭취하게 됩니다. 그리고 먹이를 먹으면서 숨도 쉬어야 하기에, 자신의 몸보다 훨씬 기다란 호흡관을 물 밖에 내밀고 산소를 흡수합니다.

게아재비는 이런 방식으로 사냥을 하면서 한평생을 살아가지만, 갓 태

게아재비

게아재비가 송사리를 포식하는 장면

어났을 때에는 크기도 매우 작고, 몸도 약하기 때문에 천적에게 잡아먹힐 수 있는 위험이 항상 도사리고 있습니다. 잠자리 애벌레나 물방개, 물장군, 물자라 같은 사나운 육식곤충들의 먹이가 되곤 합니다.

불완전탈바꿈을 거쳐서 완전히 성장한다 하더라도 동족을 서로 잡아먹기도 하고, 물장군이나 물자라, 장구애비의 먹이로 쉽게 전락합니다. 그래서 게아재비는 물풀에 숨어 먹잇감을 기다리고 있으면서도 자신이 오히려 천적에게 잡아먹힐 수도 있기 때문에, 한시라도 긴장을 늦추지 않습니다.

게아재비와 분류학적으로 가까워서 친척 관계라고 할 수 있는 수서곤충인 장구애비는 게아재비보다 더 사납고, 완전히 성장하면 잡아먹는 곤충이 거의 없는 강한 육식곤충입니다. 육상 곤충생태계의 제왕이 사마귀라면 담수 곤충생태계의 제왕은 장구애비라고 할 수 있습니다. 비록 장구애비가 몸길이가 4~5cm 정도인 게아재비에 비해 약 3~4cm 정도로 작지만 말입니다.

장구애비와 게아재비가 서로 가까운 관계라고 하면, 겉으로 보기에는 완전히 딴판인 외모 때문에 놀랍니다. 장구애비는 오히려 게아재비보다는 물자라나 물장군과 더 닮았습니다. 물론 물자라와 물장군도 장구애비, 게아재비와 함께 노린재목에 속하기는 하지만, 게아재비보다는 상대적으로 가까운 관계에 있지는 않습니다. 물장군과 물자라는 물장군과에 속하고, 게아재비와 장구애비는 장구애비과에 속합니다.

장구애비는 몸이 매우 납작하다 보니 게아재비와는 거리가 멀고, 오히려 유사하게 몸이 납작한 물장군과 물자라와 더 가까운 관계로 보일 수도 있습니다. 하지만 장구애비의 납작한 몸매를 제외하고, 게아재비와 장구애비를 하나하나 비교해 보면 유사한 점이 정말 많습니다. 다른 생물들의 체액을 빨아먹을 때 쓰이는 뾰족한 주둥이, 몸쪽으로 굽는 낫 같은 날카로운 앞다리, 수영할 때 쓰는 길쭉한 2 쌍의 뒷다리, 머리의 절반 이상을 차지하는 동그랗고 커다란 2 개의 눈, 자신의 몸길이보다 더 긴 호흡관을 이용해서 호흡을 한다는 점까지 비슷합니다.

원래 게아재비와 장구애비는 한 종이었다가, 물의 저항을 줄일 수 있도록 신체가 납작하게 진화하여 장구애비라는 종이 생겨난 것으로 보입니다. 그러므로 게아재비보다는 장구애비가 물속에서 사는 데에는 더욱 최적화된 몸을 가졌다고 할 수 있습니다.

게아재비와 장구애비의 호흡법을 보면, 몸속의 산소가 모두 소비되면 다시 수면 위로 올라가 산소를 흡수해야 한다는 점에서 굉장히 번거롭고 불편해 보입니다. 수영도 못해서 대부분 걷거나 기어 다니고 사냥할 때에도 잠복만 하는 모습을 보면, 물속에 살기에 최적화된 몸을 갖추지는 못한 것 같습니다.

게아재비와 장구애비는 본래 육상생활을 하다가 수중생활을 하게 되었다는 점은 더더욱 의문을 품게 합니다. 본래 모든 생물들은 수중생활을 하다 육상생활을 하는 방향으로 진화가 되어 왔지만, 게아재비와 장구애

물속의 또 다른 무법자, 물자라와 물장군

물자라와 물장군은 모두 물속에 서식하는 노린재목 물장군과의 육식 수서곤충들입니다. 물자라는 몸길이가 1.5~2cm 정도이고, 물장군은 크기가 5~7cm 정도로 차이가 많이 나지만, 두 종 모두 비슷하게 생겼습니다. 특히, 물장군의 경우는 우리나라에 서식하는 수서곤충 중에서 가장 크기가 크고 성질이 포악해서 수서곤충 중에서는, 거의 상위 포식자로 군림하고 있으며, 작은 물고기나 올챙이뿐 아니라, 개구리나 거북이, 심지어는 뱀까지 잡아먹는 난폭한 육식곤충입니다. 그래서 '자이언트 버그(Giant bug, 거대 곤충)'라는 영명으로 불리우고 있습니다.

물자라와 물장군은 부성애가 높기로도 유명합니다. 물자라와 물장군은 상대 암컷과 짝짓기를 마치고 나면, 암컷은 떠나 버리고 수컷만 남아서 새끼가 태어날 때까지 아무것도 먹지 않고 알을 돌봅니다. 물자라 수컷의 경우, 물자라 암컷이 낳은 알을 등에 업고 다니기도 합니다.

장구애비가 물 밖에 있는 모습

메추리장구애비가 송사리를 포식하는 장면

비는 그 반대입니다.

곤충 역시 진화 과정에서 이룩한 가장 큰 성과 중의 하나는 물을 떠나 육지에서 살게 된 일이었습니다. 그 과정에서 곤충들의 다양성은 더욱 풍부해지게 되었고 그 다양성의 양상으로 다시 물속에서 살게 된 곤충이 생기면서 현재의 수서곤충으로 진화하게 된 것으로 보입니다. 물속이 오히려 먹이가 풍부하고, 천적도 물 밖보다 적기 때문에 현재 현존하고 있는 수서곤충들은 대부분 물 밖의 공기로 호흡을 합니다.

이렇게 수서곤충으로의 진화 과정에서 잠자리나 하루살이처럼 유충 시기에 아가미호흡을 하며 물속에서 살다가 성충이 되면 육상으로 올라오는 곤충들도 생겨났습니다. 이런 곤충들은 유충과 성충이 서로 먹이경쟁을 하지 않기 위해 진화한 것입니다. 잠자리의 경우 유충 때는 물속에 있는 생물들만 잡아먹고, 성충 때는 물 밖에 서식하는 생물들만 잡아먹어 서로 먹이경쟁 과정에서 충돌할 일이 없을 테니 말입니다.

게아재비와 장구애비도 역시 육상에서 살던 생물들이었기 때문에 수서곤충으로서의 진화 과정에서 몇 가지 생리학적 문제를 해결해야 했는데, 가장 큰 문제 중의 하나가 바로 호흡이었습니다. 게아재비와 장구애비는 배 끝에 있는 짧은 꼬리털을 자신의 몸길이만한 기다란 호흡관으로 변형시켜서 물속에서도 호흡할 수 있도록 진화했습니다. 하루살이나 실잠자리의 유충을 보면 2~3개의 기다란 꼬리아가미를 가지고 있는 것을 알 수 있는데, 이것도 배 끝의 짧은 꼬리털에서 기원한 것입니다.

게아재비와 장구애비의 잠복 사냥법에도 알 수 있듯이, 물방개 등의 일부 수서곤충들을 제외하면 대부분의 수서곤충들은 수영솜씨를 향상시키는 방향으로 진화하지는 못했습니다. 그 결과 물살이 빠른 곳에서는 자신의 몸을 주체할 수 없기 때문에 유속이 느린 곳에 서식하고, 먹잇감을 발

견하면 무작정 달려들고 쫓아가지도 않으며, 부력 때문에 몸이 자꾸 떠오르게 되어 물풀에 매달려 가만히 지내며 물속 생활을 하게 되었습니다.

모든 수서곤충들은 이런 불편한 점들을 모두 감수하고, 육상생태계보다 먹이가 풍부하고 천적이 적은 담수생태계로 이동해서 새로이 적응하며 자리를 잡은 것이라고 할 수 있습니다.

21 빙글빙글 도는 곤충 물맴이

단풍나무 씨앗의 회전

단풍나무의 씨앗은 마치 프로펠러처럼 생겼기 때문에 완전히 익어서 떨어질 때 빙글빙글 돌면서 떨어집니다. 그래서 씨앗이 떨어질 때 공중에 머물 수 있는 시간이 길어 다른 지역에도 멀리 퍼질 수 있습니다. 식물은 스스로 움직일 수 없기 때문에 바람에 실려 멀리 날아갈 수 있도록 진화한 것이라고 할 수 있습니다.

빙글빙글 도는 식물이 단풍나무라면,
빙글빙글 도는 곤충은 물맴이가 있다.

세상에는 신기한 곤충들이 참 많습니다. 그중에 물맴이는 소금쟁이처럼 물 위를 동동 떠다니면서 빙글빙글 도는 독특한 특성이 있습니다. 물맴이라는 이름도 물 위를 맴맴 돈다고 해서 붙여진 것입니다. 물맴이라는 이름 외에도 '무당선두리'나 '물무당'이라고 불리기도 하는데, 말 그대로 굿을 하는 무당처럼 빙글빙글 돈다고 하여 붙여진 이름들입니다. 또, 회전목마처럼 빙글빙글 돈다고 해서 'Whirligig beetle(윌리기그 비틀, 회전목마 딱정벌레)'라는 영명도 가지고 있습니다.

물맴이는 크기가 약 6~7.5mm 정도밖에 안 되는 매우 작은 곤충입니다. 크기가 클 것 같은 이름을 가진 왕물맴이도 약 8~10mm 정도밖에 안 됩니다. 그래서 물맴이는 적어도 10마리 이상 무리를 지어 집단생활을 하며, 연못이나 저수지 같이 물의 흐름이 거의 없는 얕은 물에서 서식합니다. 집단생활을 하면 천적이 나타났을 때 다른 동료에게 금방 알려서 더욱 빨리 도망칠 수 있고, 짝짓기를 할 짝도 쉽게 발견할 수 있기 때문입니다. 물맴이들은 무리를 지면서 물 위를 빙글빙글 돕니다.

이렇게 무리를 지며 물 위를 계속 돌던 물맴이들은 몇 분 정도 지나면 도는 것을 멈추고 물풀이나 떨어진 잎사귀에 앉아 휴식을 취합니다. 휴식을 어느 정도 취하고 나면, 다시 몇 분 동안 물 위에서 빙글빙글 돌기 시작합니다.

그럼 물맴이는 어떻게 물 위에 떠다니면서 빙글빙글 돌 수 있는 것일까요? 그 이유는 바로 가운뎃다리와 뒷다리가 매우 납작하고 털이 빽빽하게 나 있어 더 많은 양의 물을 밀어내며 더 강한 반작용을 일으킬 수 있고, 몸이 유선형이라 물의 저항을 최소화할 수 있기 때문입니다. 특히, 물맴이의 뒷다리는 매우 민첩해서 1초에 60번이나 좌우로 움직일 수 있습니다. 이러한 다리 덕분에, 물맴이가 물 위를 떠다니며 돌고 있는 모습을 보면 얼마나 빠른지 소란스럽고 촐싹거리는 느낌이 들 정도입니다.

유튜브 동영상 QR
More Whirligig Beetles
수면 위를 빙글빙글 도는 물맴이 무리가 나오는 동영상입니다.

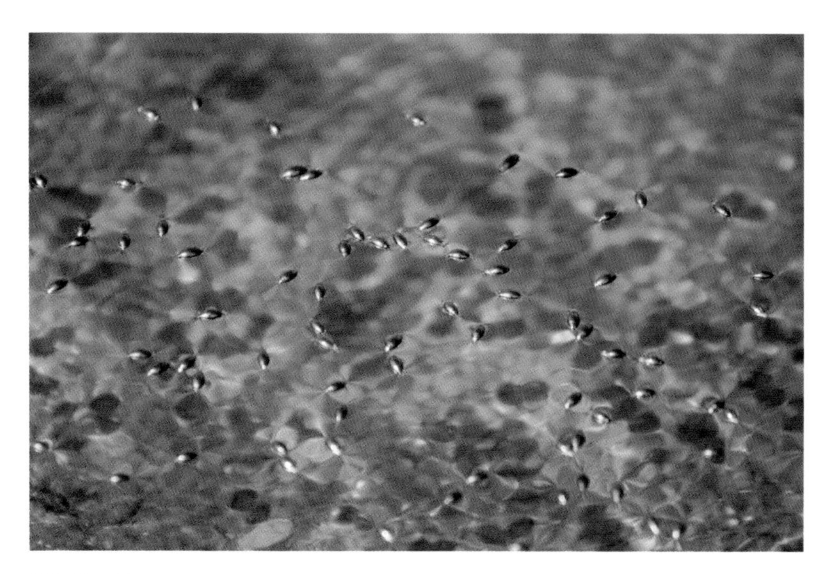

물맴이 무리

물맴이는 소금쟁이와 같은 원리로, 몸무게가 매우 가벼워서 물을 위로 들어 올리려는 표면장력보다 물맴이를 아래로 떨어뜨리려 하는 중력의 힘이 더 약해 물에 뜰 수 있으며, 물에 동동 떠다니면서 빙글빙글 돌 수 있습니다. 몸의 가장자리에 있는 작은 털에서 기름이 분비되고 털 사이사이에 공기가 들어가 부력이 작용하는 것도 물맴이가 물에 뜨는 데에 크게 한몫을 합니다.

물맴이가 물에 뜰 수 있어서, 소금쟁이처럼 물에 떨어진 곤충들을 잡아먹을 수도 있습니다. 물맴이의 앞다리는 가운뎃다리와 중간다리에 비해 매우 길게 진화되어 있기 때문에 물에 빠져 허우적거리는 곤충을 잡는 데에도 매우 유리합니다.

물맴이는 크기가 6~10mm에 불과한 매우 작은 곤충이기 때문에 물속에서는 물자라나 송장헤엄치게 같은 육식곤충이나 물고기들에게, 물 밖

날 준비를 하는 물맴이

하늘을 날고 있는 물맴이

에서는 새나 잠자리들이 잡아먹는 먹이로 쉽게 전락하곤 합니다. 이에 대처하기 위해 물맴이도 가만히 있지는 않을 텐데, 물맴이가 어떻게 천적으로부터 살아남을 전략을 구사하고 있는지 알아봅시다.

물맴이가 물에 떠 있을 때에는 몸의 절반은 물속에 잠겨 있고, 나머지 절반은 물 밖에 있습니다. 이때 물맴이의 옆모습을 잘 살펴보면 마치 눈이 물속에 2개, 물 밖에 2개씩, 4개가 있는 것처럼 보입니다. 이것은 물맴이가 물속에 있는 천적과 물 밖에 있는 천적이나 먹잇감을 모두 동시에 볼 수 있도록 진화한 것입니다. 물맴이의 눈이 겉으로는 4개로 보이지만, 위아래로 있는 2개의 눈은 몸속에 서로 연결되어 있어서, 사실 하나의 눈이기 때문에 물맴이의 눈은 총 2개뿐입니다.

물맴이의 위아래의 눈 사이에 있는 짧은 더듬이도 천적으로부터 도망치고, 먹이를 감지하는데 크게 한몫을 합니다. 물맴이는 이 더듬이를 이용해서 잔물결을 감지해서 곤충이 물에 떨어졌다는 것을 알아채고, 곤충이나 새가 날면서 일으키는 바람에 의해 출렁이는 약한 잔물결도 감지합

니다. 또한, 더듬이를 이용해서 주변에 다른 물맴이가 빙글빙글 돌고 있는 것을 감지하고 잔물결이 이는 방향으로 이동해서 순식간에 무리를 지을 수 있습니다. 아무래도 물맴이가 빙글빙글 도는 이유는 잔물결을 일으켜서, 더듬이로 잔물결을 감지한 다른 동료들을 모아 무리 지을 수 있도록 하기 위함인 모양입니다.

물맴이가 더듬이로 잔물결을 감지한 후 잔물결을 일으킨 생물이 천적 등의 위험한 존재라는 것을 인지하면, 물맴이는 재빨리 표면장력을 깨 버리고 물속으로 들어가 물풀 속으로 숨어 버립니다. 그리고 물방개처럼 딱지날개와 배 사이에 저장해 놓은 공기로 호흡을 합니다. 잔물결을 통해 먹이와 천적을 감지하는 소금쟁이의 재능과, 몸속에 산소를 저장해서 숨을 쉬는 물방개의 재능을 모두 가지고 있는 셈입니다.

물맴이는 물 밖 외에 물속에서도 물고기나 육식 수서곤충에게 잡아먹힐 수 있는 위험이 있기에, 물속에 있는 천적을 발견하면 물 밖으로 뛰쳐 나와서 날개를 펴고 하늘을 날기도 합니다.

이런 방책에도 불구하고 물맴이가 결국 천적의 공격을 받게 되면, 물맴이는 최후의 수단으로 쓴맛이 나는 하얀 물질을 분비하게 됩니다. 물맴이의 쓴맛에 기겁한 천적 동물은 깜짝 놀라서 물맴이를 뱉게 되는데, 아마 물맴이의 쓴맛을 한번 보게 된 육식동물들은 다시는 물맴이를 먹을 생각조차 하지 않을 겁니다. 물방개와 무당벌레, 노린재 같이 보호물질을 분비하는 곤충들과 같은 재능을 가졌다고 할 수 있습니다.

이처럼 매우 작은 곤충인 물맴이는 경외감마저 느끼게 하는 놀라운 생존 법칙들과 멋진 재능들을 많이 가지고 있습니다. 어떤 종류의 곤충이든지 무조건 사람보다 약하고 작은 존재라 하여 무시하는 것은 잘못된 생각입니다. 곤충들을 포함한 모든 생물들은 알고 보면 매우 오래 전부터 지구상에서 살아오면서 지금까지 자연에서 살아남기 위해 꾸준히 진화를 하여 최적의 생존방법과 재능들을 갖추게 된 대단한 생물들입니다. 곤충이 분비하는 화학물질을 연구했던 곤충학자이자, 화학생태학자인 토마스 아이스너는 이런 말을 했다고 합니다.

"곤충들의 놀라움은 작은 몸집보다는 이루 말할 수 없는 복잡함에서 생겨난다. 곤충에 비한다면 하늘의 별도 지극히 간단한 구조체일 뿐이다."

5장

그 외 생물들

22 양날의 칼 부레옥잠과 개구리밥

물에 뜨는 식물 연꽃

연꽃은 연못에서 주로 자라는 부유식물로, 남아시아가 원산지입니다. 더러운 물이나 진흙에서도 깨끗하고 아름다운 꽃을 피운다 하여 옛날부터 많은 사람들의 사랑을 받아온 식물이기도 합니다. 특히, 불교에서는 연꽃이 속세의 더러움 속에서도 물들지 않는 청정함을 상징한다고 해서 극락세계를 상징하는 꽃으로도 알려져 있습니다.

물에 뜨는 부유식물이 또 무엇이 있을까요?
번식의 제왕, 개구리밥과 부레옥잠이 있습니다!

우리가 친숙하게 볼 수 있는 식물, 부레옥잠이 사실 우리나라에 원래부터 살아왔던 종이 아니라, 외래종이라는 사실을 얼마나 많은 분이 알고 계실지 모르겠습니다. 부레옥잠은 원래 남아메리카 아마존 지역이 원산지로, 우리나라가 산업화의 진행으로 강과 하천의 수질오염이 가속화되기 시작하면서 수입해온 식물입니다. 뿌리는 물속의 영양물질과 납 같은 중금속까지도 흡수해 주는 재능을 가지고 있습니다. 식물이니만큼 광합성을 통해 물속에 산소를 공급해주기도 하고, 물고기나 새우의 산란처나 안식처가 되기도 합니다. 특히, 우리나라에 서식하는 생이새우, 줄새우 등의 토종 민물새우의 경우 부레옥잠의 잔뿌리를 즐겨 먹습니다.

부레옥잠의 가장 큰 특징은 역시 물에 뜬다는 점입니다. 둥근 공 모양으로 생긴 잎자루를 반으로 잘라 보면 동글동글한 공간이 빼곡하게 들어있고, 이 안에 물에 뜰 수 있도록 해주는 공기가 가득 담겨 있는 정말 특이한 식물입니다.

우리나라에는 웅덩이나 작은 연못에서 가장 흔히 볼 수 있는 식물로도 알려져 있습니다. 꽃집에서도 싸게 구입할 수 있고, 가정에서는 관상용으로 그릇에 물을 담아 키우기도 합니다. 특히, 부레옥잠은 7월에서 10월 사이에 보라색의 꽃을 피우는데 다른 식물들이 피우는 꽃 못지않게 정말 예쁩니다.

수질정화는 기본이고, 중금속까지 흡수해 주는 훌륭한 부레옥잠! 그런데 황당하게도 부레옥잠은 원산지에서는 최악의 골칫거리로 불리고 있고, 세계 10대 잡초 중에 한 종으로 꼽힐 정도로 천대받고 있는 식물입니다. 워낙 번식력이 뛰어나다 보니 금방 불어나서 웅덩이나 연못, 호수를 싹 다 뒤덮어 버리기 때문입니다.

그럼 어떻게 될지 생각해 봅시다. 제일 먼저, 물의 흐름이 막혀 배가 운항하는데 지장을 주고, 물속에 태양빛이 닿지 않게 되어 물속 용존산소가 줄어들게 되면서, 물속에 사는 수서식물들은 광합성을 못하니 죽게 될 겁니다. 죽은 식물이 썩으면 이 식물을 분해할 미생물이 증가하면서 산소를 소비하게 되고, 태양빛으로 에너지를 합성하는 식물 플랑크톤도 죽게 될

부레옥잠

부레옥잠 꽃

겁니다. 식물 플랑크톤이 죽으면 식물 플랑크톤을 잡아먹는 동물 플랑크톤도 죽을 것이고, 동물 플랑크톤을 잡아먹는 작은 물고기나 수서곤충까지 많은 생물들도 역시 죽게 될 겁니다. 결과적으로 이렇게 죽은 생물을 분해해야 할 미생물이 늘어나 더더욱 많은 산소를 소비하면서, 물속 용존산소가 거의 없어져 생물이 살 수 없는 환경이 조성될 겁니다.

부레옥잠도 마찬가지로 식물인지라 광합성을 통해 산소를 만들지만, 많은 양의 부레옥잠이 번식되면 산소를 만들어도 소용이 없는 셈입니다. 궁극적으로는 산소를 감소시키기 때문에 부레옥잠으로 덮여버린 물은 아무런 생물도 살지 못하는 죽음의 물이 되고 맙니다.

그렇다고 해서 제초제를 뿌리기도 힘듭니다. 부레옥잠의 생명력이 워낙 강하다 보니 제초제로도 잘 죽지 않고, 제초제는 엄청난 수질 오염을 동반할 수 있어 원산지에서는 부레옥잠을 뜯어 먹는 곤충을 활용하는 생물학적 방제법으로 수를 줄여나가고 있습니다.

우리나라에 서식하는 부레옥잠은 전혀 해롭지 않는데 그 이유는 바로 기후의 차이에 있습니다. 부레옥잠은 여러해살이 식물로 우리나라는 아마존과는 달리 날씨가 추운 겨울이 있기 때문에, 그 수가 어마어마하게 늘어나기 전에 추운 겨울을 견디지 못해 죽고 맙니다. 반면 원산지에서는 추운 겨울이 없는 열대지역이기 때문에 여러 해를 살아가는 것이 가능합니다. 그렇게 되면 수가 조절이 되지 못하고 여러 해를 거쳐 지속적으로 늘어나면서 피해가 생깁니다.

유튜브 동영상 QR
E News Water Hyacinth
아프리카 빅토리아 호수의 어민들이 부레옥잠 때문에 힘들어하는 장면이 나오는 외국 뉴스 동영상입니다.

우리나라 사람들은 원산지에서 이렇게 천대받는 잡초를 들여

개구리밥과 좀개구리밥

와 수질정화 전문가 및 관엽식물로 새로이 탈바꿈시켰습니다. 자칫 위험할 수도 있는 양날의 칼, 야누스의 얼굴을 좋은 쪽으로 잘 활용한 대표적인 사례라고 할 수 있습니다. 많은 분들이 외래종이라고 하면 무조건 부정적으로 생각하는 경우가 많지만, 부레옥잠처럼 우리나라의 기후특성을 이용해 실생활에 잘 활용되고 있는 외래종도 많다는 걸 아셨으면 좋겠습니다.

번식력으로 보나 생태적 특성으로 보나 부레옥잠과 비슷한 점이 상당히 많은 식물이 있으니, 수면 위를 동동 떠다니는 작고 귀여운 부유식물인 개구리밥입니다. 개구리밥은 우리나라의 논이나 연못에서 가장 흔하게, 많이 볼 수 있는 친숙한 식물입니다. 타원형의 작은 잎이 뭉쳐 마치 클로버를 닮은 것처럼 보이기도 합니다. 잎, 줄기, 뿌리가 분화되지 못한 대표적인 엽상식물로, 우리나라에는 개구리밥과 좀개구리밥, 총 2종이 분포하고 있습니다. 좀개구리밥과 개구리밥을 구분 못하시는 분이 많은데

오리가 개구리밥을 먹는 모습

개구리밥이 좀개구리밥보다 잎이 약 2배 이상 크고, 개구리밥은 좀개구리밥보다는 약간 덜한 타원에 잎의 한쪽 끝이 튀어나와 있다는 차이점이 있습니다.

도대체 왜 개구리밥이라는 황당한 이름을 가지게 됐는지 참 특이합니다. 개구리는 거미나 파리, 모기 같은 곤충을 끈적끈적한 혓바닥을 이용해서 잡아먹는 육식동물입니다.

그 이유는 아마 개구리밥이 개구리가 사는 연못이나 논에 살다 보니, 개구리가 개구리밥 사이에 얼굴을 내밀었을 때 개구리의 입가에 개구리밥이 닿아서 먹고 있는 것처럼 보여 지어진 것으로 보입니다. 서양에서는 좀개구리밥을 'duckweed(오리풀)'로, 개구리밥을 'greater duckweed(큰 오리풀)'라고 부르고 있는 것을 보니 오리가 개구리밥을 먹는다는 것을 정확하게 알고 있었나 봅니다. 실제로 개구리밥은 오리의 먹이가 되기 때문에 과거 우리나라 사람들이 개구리밥이 오리의 먹이가 된다는 것을 알았다

유튜브 동영상 QR
Swans eating duckweed
오리가 개구리밥을 먹는 장면이 나옵니다.

개구리밥의 겨울나기

개구리밥은 겨울에 모습을 보이지 않기 때문에 한해살이로 착각하는 경우가 많지만, 개구리밥은 여러해살이 식물입니다. 겨울에는 타원 모양의 겨울눈(동아, 冬芽) 상태로 물 밑에서 월동하다가 따뜻한 봄이 되면 수면 위로 나와 번식을 시작합니다. 생명력도 어찌나 강한지, 겨울눈 상태의 개구리밥은 물이 완전히 말라있는 상태에서도 죽지 않고 월동을 할 수 있습니다. 그래서 겨울 논의 물이 완전히 말라도 봄이 되면 개구리밥이 창궐한 논을 볼 수 있는 것입니다.

면 '오리밥'이라는 이름이 지어졌을지도 모르겠습니다.

개구리밥은 우리들이 보기에는 흔히 볼 수 있는 평범한 식물이지만, 번식력이 부레옥잠은 물론이요, 다른 식물들과는 비교할 수 없을 정도로 무시무시합니다. 겨울에는 전혀 보이지도 않던 개구리밥이 봄이 되면 갑자기 무서울 정도로 불어나서 결국 논에 대 놓은 물을 다 덮어 버립니다.

논농사를 지을 때 개구리밥은 번식력 덕분에 유용하게 사용되고 있습니다. 개구리밥이 논에 대 놓은 물을 덮어 버리면 증발하게 되는 물의 양을 줄여 물을 절약할 수 있기 때문입니다. 부레옥잠은 원산지에서 번식력 때문에 잡초라고 불리고 있지만, 우리나라가 원산지인 개구리밥은 번식력 덕분에 물을 절약할 수 있다니, 정말 대조적이라고 할 수 있습니다.

최근에는 개구리밥과 부레옥잠이 바이오에너지로도 크게 주목을 받고 있다고 하는데 그 이유도 역시 번식력 때문입니다. 어마어마한 번식력으로 순식간에 많은 자손을 퍼트린다는 것은 순식간에 많은 에너지를 합성해 낸다는 뜻이기도 합니다.

부레옥잠은 물에서 얻은 질소, 인 등의 영양물질을 다량 함유하고 있기 때문에 죽기 전에 거둬 잘게 부숴서 친환경 비료로 사용할 수 있고, 에탄

올을 추출하거나, 가축의 사료로도 사용할 수 있다고 합니다. 물에서는 오염물질로 작용할 수밖에 없는 질소나 인 등의 영양물질이 부레옥잠에 의해 물 밖으로 옮겨져 동·식물의 성장에 도움을 주는 비료나 사료로 사용될 수 있습니다.

앞으로도 부레옥잠과 개구리밥이 바이오에너지로 활용될 수 있는 연구가 꾸준히 진행된다면, 우리가 흔히 볼 수 있는 평범한 식물 개구리밥과 일개 잡초에 불과했던 부레옥잠이 고갈될 자원을 대체할 훌륭한 청정에너지로 거듭나게 될지도 모르겠습니다.

23 잘라도 사는 생물 플라나리아

아메바의 분열

아메바는 자신의 몸을 반으로 갈라서 자신과 유전자가 같은 개체를 생성하는 방식으로 번식합니다. 이러한 번식 방법을 이분법이라고 하는데, 주로 진화가 거의 되지 않은 하등한 생물들에게 나타납니다. 아메바 외에도 짚신벌레, 유글레나 같은 단세포 생물들도 이분법으로 종족 번식을 꾀하고 있습니다.

몸을 반으로 잘라도 살아나는 플라나리아!
플라나리아 역시 이분법으로 번식을 합니다!

플라나리아는 몸이 납작한 편형동물에 속하며, 암컷의 생식기와 수컷의 생식기를 모두 가지고 있는 자웅동체입니다. 그래서 자신의 신체 일부를 잘라내는 이분법으로 무성생식을 하고, 때로는 자손에게 유전적 다양성을 제공하기 위해 다른 플라나리아와 정자를 교환하는 유성생식을 하

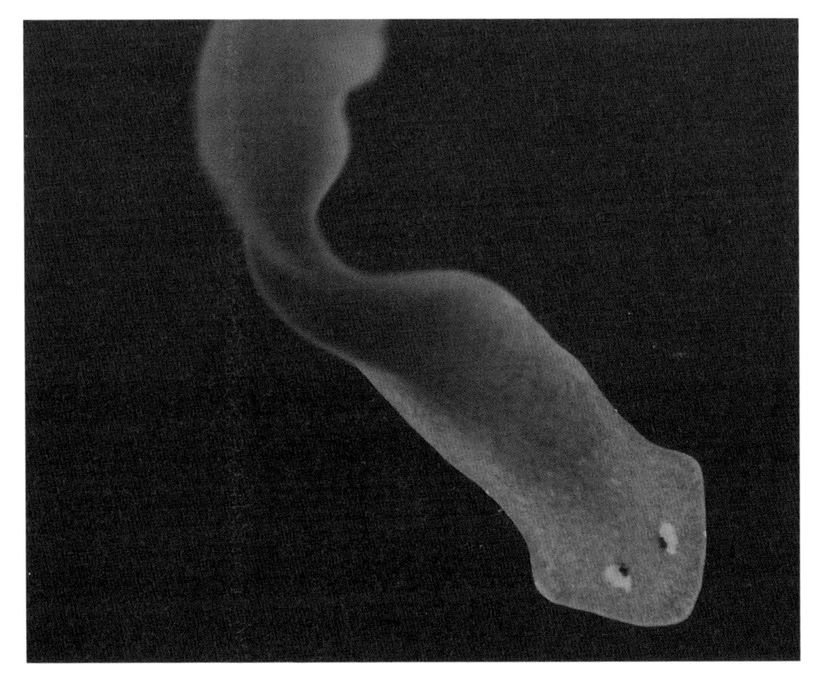

플라나리아

기도 합니다.

플라나리아의 배(아래쪽)는 등(위쪽)보다 밝고 연한 색을 띱니다. 빛을 받는 부분의 몸 색은 진하게 하고, 빛을 등지는 부분의 몸 색은 연하게 함으로써 천적에게 자신이 잘 보이지 않게 하는 것입니다. 다른 물고기들이나 수서곤충의 경우도 대부분 배는 흰색이고 등은 진한 색인데, 이러한 보호법을 '방어피음'이라 부릅니다. 플라나리아의 무성생식과 유성생식, 그리고 방어피음은 천적으로부터 살아남고, 종족유지를 하기 위한 생존 방법입니다.

하지만 플라나리아의 가장 큰 특징은 이런 것들보다는 몸체를 반으로 잘라도 죽지 않고 살아난다는 것입니다. 플라나리아는 몸을 머리와 꼬리

로 자르면 머리 부분은 꼬리가 재생되고, 꼬리 부분은 머리가 재생되어서 2마리가 되니까 말입니다. 어떻게 이런 일이 가능한 걸까요? 그건 바로 플라나리아가 몸속에 지니고 있는 줄기세포의 일종인 신모세포와 연관이 깊습니다.

플라나리아의 신모세포에 대해 설명하기 전, 줄기세포가 무언가에 대해서 먼저 짚고 넘어가겠습니다.

줄기세포란, 생물의 몸을 구성하는 각각의 세포로 분화할 수 있는 세포입니다. 예를 들어, 사람의 몸은 근육을 이루는 세포도 있고, 간을 이루는 세포도 있고, 심장을 이루는 세포도 있는데, 줄기세포는 근육에 있는 세포로도, 간을 이루는

유튜브 동영상 QR
Planaria Anatomy
플라나리아의 몸과 헤엄치는 장면이 나옵니다.

돌에 붙은 플라나리아

세포로도, 심장을 이루는 세포로도 분화될 수 있는 능력을 갖춘 세포입니다. 줄기세포 중에서도 정자와 난자가 만나 수정된 지 14일이 안 된 배아줄기세포의 경우에는 아직 몸을 이루는 각각의 세포로 분화되기 전이고, 곧 몸을 이루는 모든 종류의 세포들로 분화될 수 있습니다. 그래서 배아줄기세포를 심장, 간 등 원하는 조직세포로 분화시킨 뒤 그 조직을 재생시켜 사용하기 위한 연구가 꾸준히 지금도 진행되고 있습니다.

그럼 이제 플라나리아의 줄기세포인 신모세포에 대해 설명하겠습니다.

플라나리아는 위에 언급한 줄기세포와 같은 아직 분화되지 않은 신모세포가 몸을 구성하는 전체 세포의 15~20%나 됩니다. 사람이 몸에 지닌 성체줄기세포가 1%밖에 안 되는 것을 감안하면 정말 대단한 양이라고 할 수 있습니다. 신모세포는 플라나리아의 몸을 구성하는 모든 종류의 세포로 분화할 수 있기 때문에 몸의 일부를 잃는다 하더라도, 신모세포를 잃은 몸을 구성했던 세포들로 분화시켜서 몸을 다시 완벽하게 재생할 수 있습니다. 이것이 플라나리아의 재생 능력 원리입니다. 더 놀라운 점은, 플라나리아가 본격적으로 신체 재생을 하기 전에 재생할 부분을 위치, 크기, 모양까지 모두 고려하여 결함 없이 재생시킨다는 것입니다. 그래서 플라나리아의 재생된 머리나 꼬리 등의 부위가 신체크기에 비해 지나치게 커지거나, 특정 조직이 다른 신체부위에 붙게 되는 오류가 발생하는 경우는 거의 없습니다.

하지만 플라나리아는 믹서기로 갈거나 망치로 내려치는 경우에는 살지 못합니다. 잘라내는 것이라면 신모세포를 포함한 세포들 하나하나마다 손상이 가지는 않겠지만, 믹서기로 갈거나 망치로 내려치면 신모세포가 으깨지거나 손상이 갈 수 있습니다.

이러한 방식으로 신체를 복원하는 생물은 플라나리아 외에도 도마뱀

상처를 치료하는 1%의 성체줄기세포

우리의 피부에 상처가 났을 때, 상처가 스스로 아물 수 있는 이유는 체내에 약 1%의 성체줄기세포가 있기 때문입니다. 성체줄기세포는 손상된 부위를 추적해서 직접 찾아간 후, 그곳에서 조직세포로 분화될 수 있기 때문입니다. 게다가 적혈구나 백혈구 등의 혈액세포를 새것으로 교체하고, 뼈, 인대, 근육이 훼손되었을 때 재생하는 데에도 관여합니다.

플라나리아의 재생 능력과 암세포 성장 억제

플라나리아는 절단된 신체의 일부를 재생시킬 수 있기 때문에, 많은 과학자들의 관심을 받아 왔고 꾸준한 연구가 진행되어 왔습니다. 최근에는 사람을 포함한 포유류에게 존재하는 단백질의 일종인 TOR이 플라나리아가 신체를 재생하는 데 관여하는 중요한 물질임이 밝혀졌습니다. 만약 플라나리아에게 TOR을 차단시키면 플라나리아는 신체 재생을 하지 못합니다. 이것은 암에 걸린 사람에게 TOR을 차단시키면 암 덩어리를 성장하지 못하게 할 수도 있다는 뜻이기도 합니다.
플라나리아는 줄기세포를 이해하는 데에 연구될 뿐 아니라, 암 등 다양한 질병의 치료법을 연구하는 데에도 활용되는 중요한 생물이라고 할 수 있습니다.

과 불가사리도 있습니다. 특히 도마뱀은 천적에게 자신의 꼬리가 잡히면, 꼬리를 잘라내 도망쳐 버리는 독특한 생존방법을 가지고 있지만, 그 꼬리는 언제 잘렸냐는 듯 다시 재생됩니다.

재생능력을 가진 생물들이 지속적으로 연구되면 팔다리가 없는 사람도 줄기세포를 팔다리를 이루는 세포들로 분화시켜 팔다리를 만들어 내고, 장기 일부가 훼손되어도 줄기세포를 장기를 구성하는 조직세포로 분화시켜 재생시킬 수 있는 날이 언젠가는 올 수도 있습니다.

이제 신모세포와 줄기세포에 관한 이야기는 마치고, 플라나리아의 또 다른 특성에 대해 설명하고자 합니다. 플라나리아의 가장 멋진 첫 번째 특징이 바로 재생 능력이라면, 두 번째 특징은 바로 플라나리아가 학습능력을 갖추고 있다는 것입니다. 동물들 중에서도 하등한 축에 속하는 플라나리아가 학습 능력을 갖추고 있다니 정말 대단하다고 할 수 있습니다. 과학자 겸 SF소설가였던 제임스 맥도널은 플라나리아가 학습능력을 갖추고 있다는 것을 활용하여 생물의 지적능력 및 학습능력에 대한 메커니즘을 연구하기도 했습니다.

실험 방법은 다음과 같습니다.

1. 플라나리아에게 불빛을 비춘 후에 전기충격을 가하는 행위를 계속한다. ⇒ 이 행위를 계속하면 플라나리아에게 전기충격을 가하지 않고 불빛만 비춰도 전기충격을 받은 듯 몸을 웅크리게 됩니다. 플라나리아가 불빛이 비춰진 후에는 전기충격이 가해진다는 것을 습득한 겁니다.
2. 이렇게 학습된 플라나리아를 잘게 쪼개 다른 플라나리아에게 먹인다.
3. 학습된 플라나리아의 조각을 먹은 플라나리아에게 불빛을 비춘다.

물 밖에서 사는 육상플라나리아

모든 플라나리아는 민물에만 산다고 생각하시는 분이 많은데, 물 밖에서 서식하는 육상플라나리아도 있습니다. 랜드플라나리아, 코우가이빌, 육지플라나리아 등의 이름으로 불리고 있습니다. 민물에서 사는 플라나리아는 주로 길이가 1~3cm 정도이지만, 육상플라나리아는 길이가 10~30cm 정도이고, 1m를 넘는 종도 있습니다. 주로 지렁이나 달팽이 등을 잡아먹는 육식성이고, 먹이가 부족하면 동족을 잡아먹기도 합니다.

• 실험 결과 : 학습된 플라나리아의 조각을 먹은 플라나리아가 똑같이 전기충격을 받은 듯 몸을 웅크린다.

이런 일이 어떻게 가능한 것일까요? 그렇다면, 똑똑하지 않은 사람도 아인슈타인의 뇌를 먹으면 똑똑해질 수 있다는 것일까요? 이 현상을 두고, 제임스 맥도널은 플라나리아가 학습능력을 단백질의 형태로 저장하기 때문이라고 주장했습니다. 단백질 형태의 학습능력을 플라나리아가 섭취해 흡수하면서 학습능력을 갖추게 된다는 겁니다.

하지만 학습능력이 단백질의 형태로 저장될 수 있다는 사실은 학계에 엄청난 반발을 불러일으켰습니다. 아직 지적능력, 학습능력, 기억에 대한 메커니즘이 확실히 밝혀지지는 않았지만, 대부분의 학자들은 신경세포가 다른 신경세포와 신호를 주고받는 연결 관계에서 지적능력이 발휘되는 것이라고 생각하고 있습니다.

결국, 제임스 맥도널의 플라나리아 실험은 사기로 판명이 납니다. 과학자들이 맥도널이 한 실험을 재연해보려고 했으나, 맥도널의 말대로 되지는 않았습니다. 제임스 맥도널은 과학자면서도 SF소설 작가이기도 했는데, SF소설 작가라는 직업이 아마 이 실험에 큰 영향을 미친 것으로 보입니다. SF소설 같은 대중 매체들은 약을 먹어서 학습능력을 얻는 등의 자극적인 소재를 주로 다루기 때문입니다.

비록 학습능력이 단백질 형태로 저장된다는 사실은 이렇게 거짓으로 밝혀졌지만, 만약 모든 생물들의 학습능력이 단백질의 형태로 저장되고, 이 단백질이 체내에서 분해되지 않고 바로 흡수된다면 어떻게 될지 생각해 봅시다. 별도로 공부할 필요도 없이 단백질만 섭취하면 학습능력을 갖추게 될 테니, 정말 좋을지도 모르겠습니다. 만약 다른 동물들의 뇌를 먹으면 정말 큰일이 날 겁니다. 돼지의 뇌를 먹게 되면 '꿀꿀' 소리를, 소의 뇌를 먹게 되면 '음메' 소리를, 닭의 뇌를 먹게 되면 아침마다 '꼬끼오' 를 외칠 테니 말입니다.

24 물에 사는 포유류 수달

일본 수달의 멸종

일본의 수달은 몇십 년 전만 해도 일본에 넓게 분포하는 포유류였습니다. 1950년 이후 일본이 갑작스럽게 개발사업을 시작하고, 하천들이 직선화, 콘크리트화되면서 일본 수달의 수가 급속도로 줄어들기 시작했습니다. 결국, 일본 수달은 1979년 고치현 스자끼시 신조강에서 관찰된 것을 마지막으로 모습을 보이지 않게 되었고, 2012년에는 일본 수달을 멸종종으로 분류하게 됩니다.

우리나라에도 멸종위기에 처한 수달,
멸종되지 않기 위해선 꾸준한 관심이 필요합니다!

뇌가 다른 동물군보다 발달하였고 털이 있으며, 폐호흡을 하고, 어미가 알이 아닌 새끼를 낳아서 젖을 먹여 키우는 가장 고등한 생물들을 포유류라고 부릅니다. 전 세계적으로 약 5,000종만이 알려져 있고, 사람 역시 포유류의 한 종입니다. 그런데 포유류인데도 불구하고 물에 터전을 잡고 사는 종이 있으니, 고래, 돌고래, 바다표범, 바다코끼리, 비버, 하마, 수달입니다. 그중 비버와 하마, 수달은 바다가 아닌 강에 주로 터전을 잡고 살아가는 포유류들입니다. 우리나라에서도 강물에 터전을 잡고 서식하고 있는 포유류가 딱 1종이 있는데, 바로 수달입니다.

유튜브 동영상 QR
Lutra lutra, otter, Fischotter, Loutre d'Europe
자연 속에서 살고 있는 유라시안 수달(Lutra Lutra)의 동영상입니다.

수달은 원래부터 물에서 살아왔던 종은 아니었고, 몇 천만 년 전만 해도 물 밖에서만 살아가는 포유류였습니다. 지금으로부터 약 3천만 년 전, 물 밖보다 먹이가 풍부하고 사나운 천적도 거의 없는 하천으로 서식처를 옮겼습니다. 그 결과 하천생태계에 살아남으려고 알맞게 진화해서 발에는 물갈퀴가 생기고, 물의 저항을 줄이기 위해 몸은 기다랗게 진화해서 현재의 모습을 갖추게 되었습니다.

현재 수달은 세계적으로 약 13종이 있고, 아시아에는 4종이 서식하며, 우리나라에는 유라시안 수달(Eurasian otter, Lutra Lutra)이라 불리는 1종의 수달만이 서식하고 있습니다. 주로 가물치나 메기 같은 사나운 육식물고기나 양서파충류, 수서곤충을 잡아먹고 살아서 하천생태계의 질서를 유지하는 '핵심종'으로 불리기도 합니다. 먹잇감을 발견했을 때에는 아무런 소리도 내지 않고 빠르게 접근해서 날카로운 이빨로 물고기나 곤충을 낚아채 잡아먹는 멋진 사냥기술을 가지고 있습니다. 강에 수달이 서식하고 있다는 것은 물고기가 풍부하고, 물고기의 먹이인 수서곤충, 그 외에 다른 생물들도 균형을 이루며 살고 있다는 것을 의미합니다.

수달은 무분별한 남획과 하천의 개발로 인해 가장 크게 희생당해온 동

세계적으로 분포하는 수달의 종류

목/과	속	이름	특징
식육목 족제비과	수달속	유라시안 수달	한국에도 서식
		수마트라 수달	
	큰수달속	큰수달	족제비과 중 제일 길다.
	아메리카수달속	북아메리카 수달	
		남아메리카 수달	
		바다 수달	바다에서 산다.
		긴꼬리 수달	
	민발톱수달속	콩고발톱 수달	아프리카 콩고강에만 서식
		아프리카민발톱 수달	
		작은발톱 수달	수달 중 제일 작다.
	해달속	해달	바다에서 산다.
	비단수달속	비단 수달	
	얼룩목수달속	얼룩목 수달	

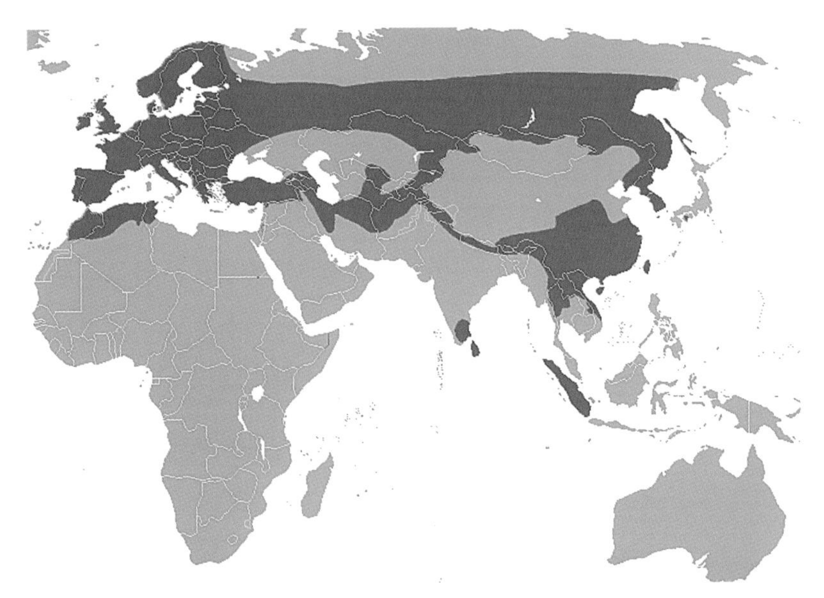

IUCN Red List가 제공하는 유라시안 수달의 서식지

물 중의 한 종이기도 합니다. 우리나라에서는 몇십 년 전만 해도 하천이나 계곡, 늪에서 자주 모습을 보여 왔으나 한국전쟁을 기점으로 급속도로 감소해서 현재 멸종위기종으로 지정되어 보호받고 있습니다.

그렇다면, 수달의 수가 급속도로 감소하게 된 구체적인 원인은 뭘까요? 일단, 인간의 하천 개발 활동이나 관광 산업이 수달의 수 감소에 가장 직접적으로 영향을 미친 것으로 보입니다.

우리나라에서도 수달이 출현하지 않는 지역은 음식점이나 유원지, 숙박시설이 발달해서 여름철에 관광객들이 자주 놀러오는 관광지역인 경우가 대부분입니다. 반면, 수달이 꽤 출현하고 있는 지역은 자연환경이 거의 훼손되지 않고 그대로 보존된 지역입니다. 또, 댐 같은 인공구조물이 없는 계곡 상류로 갈수록 수달이 안정적으로 분포하고 있고, 하류로 내려갈수록 그 수가 감소합니다. 이 점에 비추어 볼 때에도 확실히 하천 개발이 수달의 수 감소에 엄청난 영향을 끼치고 있다는 것을 알 수 있습니다.

하지만 안타깝게도 아직 하천의 개발로 생겨나는 인공구조물들이 수달에게 어떤 영향을 미치는지는 구체적으로 밝혀지지 못한 상황입니다. 개발로부터 수달을 보호하기 위해서는 개발이 진행되지 않은 자연하천의 생태적 기능과 수달의 생태적 특성에 대한 구체적인 연구가 더욱 진행되어야 한다고 봅니다.

사람들의 어로 활동도 수달의 수 감소에 어느 정도 영향을 끼치는 것으로 보입니다. 사람들이 물고기를 잡으면 수달이 잡아먹는 주 먹이원인 물고기의 숫자가 줄어들기 때문입니다.

그리고 수달의 배설물을 분석해 보면 나일론으로 된 그물망과 낚싯줄이 가끔 발견되며, 수달이 서식하고 있는 지역을 잘 살펴보면 폐그물망과 낚싯줄, 심지어는 불법 그물까지 발견된다고 합니다. 이런 그물을 수달이 먹음으로써 수달의 목숨을 위협할 뿐 아니라, 수달이 물속의 그물에 걸려 익사하면서 수달의 수가 점점 줄어드는 데 영향을 미치고 있었던 것입니다. 다시 말해, 우리들이 어로활동을 한 후 별 생각 않고 강이나 호수에 버리는 그물과 낚싯대가 알고 보니 수달의 생태에 큰 영향을 미치고 있었다는 겁니다.

그 외에도 과거에 수달을 무자비하게 남획했던 것도 수달의 수를 줄이는 데 크게 한몫을 했다고 합니다. 과거 역사 문헌을 봐도, 우리나라는 중국에 수달의 모피를 포함한 다양한 조공을 바쳤고, 몽골의 지배를 받던 고려시대에는 2만 장의 수달모피를 조공으로 바친 적이 있다고 전해지고 있습니다.

수달은 외국에서도 마찬가지로 모피를 얻기 위해 지속적으로 남획되면서, 그 수가 급속도로 줄어들었습니다. 18~19세기 모피 산업이 절정에 달했던 때에는 수달의 모피를 팔아 큰 이익을 남기려 했던 밀렵꾼들이 수달을 마구잡이로 잡아들여 결정적으로 큰 타격을 입었습니다. 이러한 일들이 원인이 되어, 수달에게 '사람들은 모두 나(수달)와 적대관계'라는 인식이 심어지면서 사람들이 사는 지역에는 수달이 서식하지 않고, 사람의 손이 거의 닿지 않는 곳에만 서식하는 비극적인 결과를 낳게 됩니다. 그때 당시에는 생태나 생물의 다양성의 중요성이 밝혀지지 못했던 시기였기에 어쩔 수 없었다고 봅니다.

그나마 다행인 것은, 1950년대 이후로 많은 나라에서 수달을 보호종으로 지정해서 남획을 금지하고 하천의 복원에 힘쓰기 시작한 덕분에 유럽과 미국에서는 그 수가 다시 증가하고 있다는 것입니다. 대부분의 유럽 국가들은 개발보다는 보전을 택하고 아름다운 자연환경들을 그대로 유지하고 인간과 동물이 서로 조화를 이루며 살아갈 수 있도록 노력하고 있다

일본수달

수달

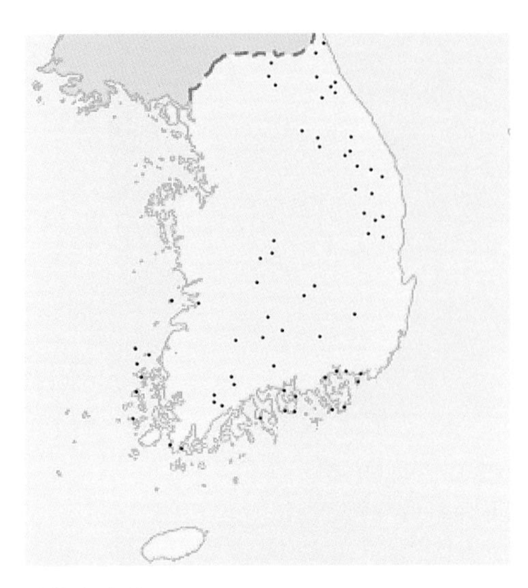

남한 수달 분포도

국내외의 수달 보전활동

수달의 생태학적 중요성이 알려지고 수달의 수가 급속도로 줄어들기 시작하면서 현재 전 세계적으로 수달에 대한 다양한 보전활동이 전개되고 있는 추세입니다. 특히, 유럽이나 미국 같은 선진국에서는 어린이를 포함한 일반인을 대상으로 하는 수달 보호 캠페인이 꾸준히 진행되고 있으며, 수달의 재도입에 대한 논의가 활발히 이루어지고 있습니다. 우리나라에서는 다친 수달이나 조난당한 새끼 수달을 구조해서 치료해 주는 방사 활동이 주로 진행되고 있습니다.

2007년에는 아시아에서는 최초로 우리나라의 강원도 화천군에서 제10회 ICUN International Otter Colloquium(IOC, 세계자연보전연맹 수달총회)이 개최되기도 했습니다. 세계 50개국의 수달 학자들이 참여하면서, 총회 이후 우리나라도 세계 각국의 학자들과 수달의 생태와 보전에 대해 연구하는 첫 발판을 마련할 수 있었습니다.

고 합니다. 그에 반해, 우리나라에서는 수달이 아직도 멸종될 위기에 처해 있고, 굶주린 수달들이 죽음을 각오하고 도심지로 내려와서 간간이 발견될 정도인데, 우리나라도 수달의 서식지 보전을 위해 더욱 많은 노력을 기울일 필요가 있다고 생각됩니다.

현재 우리나라의 수달은 사람의 손이 거의 닿지 않은 백두대간 줄기나 남해안 인근의 산간지대, 리아스식 해안에 있는 섬에 주로 서식하고 있는 것으로 보입니다. 그리고 사람이 다닐 수 없는 지역인 비무장지대 DMZ에서도 수달이 발견되고 있습니다.

반면, 사람들이 주로 거주하는 인구 밀집지역인 수도권과 충청남도, 부산과 울산 지역에는 수달의 서식이 확인되지 않고 있습니다. 사람들이 많이 사는 인구 밀집 지역은 대부분 하천의 개발이 이루어져 있고, 수질도 오염되어 많은 물고기나 수서곤충이

없어 수달이 서식할 수 있는 환경을 조성하고 있지 못하기 때문인 것으로 보입니다.

비록 하천 개발이나 수질 오염이 발생한다 하더라도 수달이 자신의 서식처를 옮길 수 있는 능력이 있었다면 피해가 덜했을 겁니다. 수달은 물 밖에서는 이동성이 매우 떨어지니 보금자리가 훼손되면 그냥 그 곳에서 죽음을 맞이할 수밖에 없었을 겁니다. 과거에 우리나라는 생태적 중요성보다는 먹고 사는 게 우선이었기에, 식수 보급을 위해 댐을 건설하고 다른 생물들의 생태적 특성은 전혀 알아보지도 않고, 인간 중심적으로 하천 개발을 하면서 생긴 결과라고 할 수 있습니다.

『탐라지』 기록문헌을 자세히 살펴보면 과거에는 제주도에서도 수달이 살았었는데, 자세한 원인은 모르나 지금은 제주도 내에서는 완전히 멸종을 맞은 것으로 보입니다. 이 역시 밀렵이나 관광산업의 개발 등이 수달을 제주도에서 멸종시키는데 한몫을 했을 겁니다. 이처럼 우리나라의 수달들은 아주 오래 전부터 지금까지 사람들 때문에 매우 굴곡진 삶을 살아왔다고 할 수 있습니다.

수달 외에 호랑이, 반달사슴곰, 표범, 여우 등 다른 포유류들도 사람들의 욕심 때문에 우리나라에서 이미 역사 속으로 사라졌거나, 사라져가고 있는 상황입니다. 아직까지도 이런 포유류들에 대한 연구는 다른 분야들과 비교해 볼 때에도 거의 연구가 진행되지 않고 있습니다.

그런데 정말 다행스러운 것이 최근에는 전 국민적으로 수달이나 반달가슴곰 등의 포유류 보호에 큰 관심을 가져주고 있고, 어려운 연구 환경 속에서도 학자 분들이 수달의 보전 및 복원을 위해 많은 노력을 기울이고 있다고 합니다. 이제 우리나라에서도 포유류들의 복원 및 보전 전략을 세우고, 외국의 사례를 잘 적용해서 동물들의 수를 늘리기 위해 노력해야 할 때가 왔다고 생각합니다.

최근 수달의 생태에 관한 연구에서, 수달들은 사람들이 살지 않는 지역 외에도 하천에 어느 정도의 환경적 조건이 갖추어져 있어야 한다는 결과가 나왔습니다. 수달의 주 먹이원인 물고기와 곤충이 풍부하고, 하천의 깊이가 얕으며, 유속이 느리고, 수달이 쉴 수 있는 큰 바위가 많아야 한다는 겁니다. 이러한 자료들을 잘 반영하고 더욱 구체적인 연구를 진행해서 포유류 학자들이 수달에게 알맞은 서식지를 제공한다면, 수달의 수는 증가할 수 있을 듯합니다.

우리나라는 수달 외에도 다른 포유류들을 연구하는 포유류 학자들이 많이 부족한 게 현실입니다. 학자 차원을 넘어서, 국가 차원으로 학자들의 연구를 꾸준히 지원해 줄 필요가 있다고 생각합니다. 이와 함께 많은 사람들이 수달 보호에 적극적으로 참여하고, 하천의 복원과 수달이 살기에 적합한 환경을 조성하기 위해 힘쓴다면 우리나라에서도 곧 유럽과 미국처럼 수달의 수가 늘어날 거라 기대해 봅니다.

25 다슬기와 우렁이 그리고 기생충

육상에서 사는 연체동물 달팽이

흔히 나선형의 패각을 몸에 지니고 다니는 연체동물을 달팽이라고 부릅니다. 세계적으로 약 2만 종이나 알려져 있으며, 우리나라에는 약 35종이 분포하고 있습니다. 달팽이가 워낙 이동성이 떨어지다 보니 지리적으로 종의 분화가 일어나기 쉽기 때문에 종이 다양합니다. 프랑스나 오스트리아 등 일부 유럽 지역에서는 달팽이로 다양한 요리를 해 먹기도 합니다.

달팽이를 닮은 물속 생물인
다슬기와 우렁이에 대해 알아봅시다.

복족류란 연체동물에 속하는 한 분류군으로, 나선형의 패각을 몸에 지니고 편평한 배의 근육으로 몸을 움직이는 생물들을 의미합니다. 복족류는 세계적으로 약 75,000종이 알려져 있고, 달팽이가 대표적이며, 강이나 호수에 사는 대표적인 복족류로는 우렁이와 다슬기가 있습니다. 다슬기

다슬기

와 우렁이 모두 해장국이나 된장국 요리로 유명한 생물들이면서, 기생충의 중간숙주로 매우 위험한 생물들이기도 합니다.

다슬기는 강에 사는 복족류 중에서는 가장 흔하면서도 잘 알려져 있는 친숙한 생물입니다. 지방마다 다슬기 외에 소래고둥, 올갱이, 민물고둥 등의 다양한 이름을 가지고 있습니다. 다슬기가 전국에 분포하고 있는 것과는 달리, 아직 생태분류학적 연구는 진행되지는 못한 것으로 보입니다. 다슬기과의 생물들은 살 수 있는 곳이 강이나 하천에만 한정되어 있고, 이동성이 워낙 떨어지다 보니 서식지에 따른 형태 변이가 매우 심해서 종의 분류가 불확실하고 난해합니다. 대부분의 학자들은 우리나라에 약 8종 정도의 다슬기가 분포하고 있다고 말하고 있습니다.

우리나라에 분포하고 있는 8종의 다슬기들 중, 가장 흔하게 살고 있는 다슬기과의 생물들은 다슬기와 곳체다슬기 2종입니다. 물살이 약간 빠른 강이나 하천에 주로 서식하며, 강물이 약간 오염되었다 하더라도 녹조류나 죽은 물고기, 물풀 같은 것들을 먹고 살기 때문에 생명력이 강해서 죽지 않습니다. 그래서 여름이 되면 많은 사람들이 얕은 강에서 다슬기를 잡는 장면을 쉽게 볼 수 있습니다. 바람이 불거나 물살이 너무 빨라 물속을 잘 볼 수 없게 되더라도 투명한 플라스틱이나 유리로 만들어진 다슬기 잡이 도구를 수면 위에 올려놓으면 어린 친구들이라도 아무런 문제없이 쉽게 잡을 수 있습니다.

다슬기는 폐흡충(폐디스토마)의 중간숙주이기에 날것으로 먹으면 매우 위험합니다. 입으로 들어간 폐흡충은 십이지장에서 횡경막을 거쳐 폐 안으로 들어가서 사람이나 개 같은 포유류의 폐에 기생하여 피를 쇠녹물색으로 변형시키고 피를 토하게 하거나 기관지, 폐에서 분비물이 분비되는 증상을 일으킬 수도 있습니다. 인류 역사상 가장 많은 사람들을

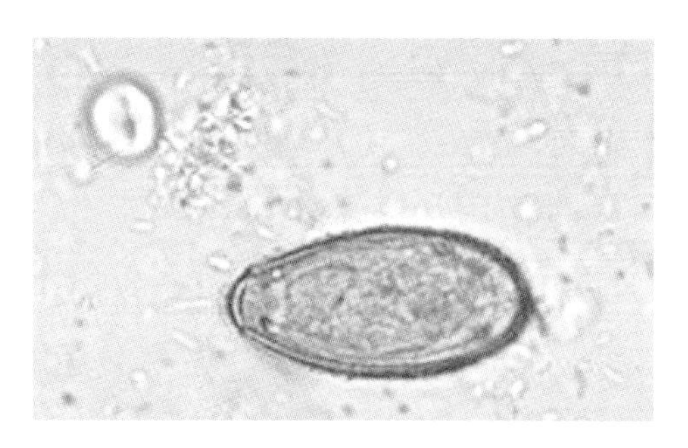

간디스토마 알

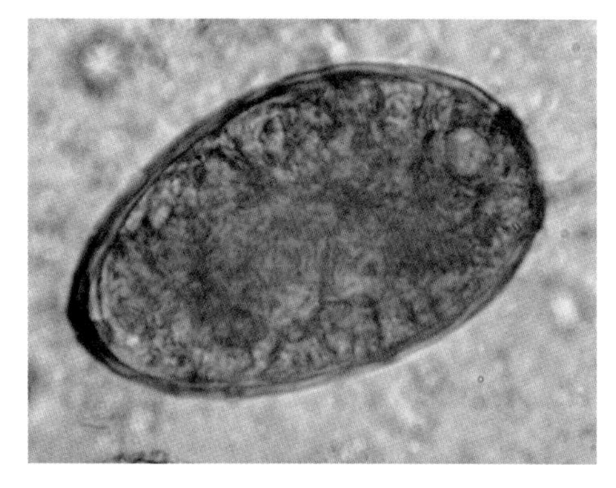

폐디스토마 알

중간숙주

폐흡충이나 간흡충 등의 기생충들이 유생을 거쳐 성체로 성숙하게 될 때까지 약 2~3종의 숙주를 필요로 하게 되는데, 이때의 숙주들을 중간숙주라고 부릅니다. 대표적으로 간흡충(간디스토마)의 경우에는 일부 우렁이와 잉어, 피라미 등 민물고기들을 중간숙주로 삼아 성체로 성장하고, 폐흡충(폐디스토마)의 경우에는 다슬기, 게, 가재 등의 생물들을 중간숙주로 삼아 성체로 성장합니다. 완전한 성체가 된 폐흡충이나 간흡충은 중간숙주를 통해 사람이 날것으로 먹게 되면 사람의 간이나 폐에 기생하여 이상 증세를 일으키게 됩니다.

죽음에 이르게 했던 질병이기도 한, 결핵과 증상이 비슷해서 간혹 결핵으로 오진하는 일이 일어나기도 합니다.

폐흡충이 간혹 폐 이외에 다른 장기에 들어가는 일이 생기기도 하는데, 만약 뇌나 척수에 기생하면 몸의 일부가 마비되거나 뇌종양이 일어날 수 있고, 눈에 들어가면 안구가 돌출되는 증상이 일어날 수 있습니다. 그러므로 다슬기를 먹을 때에는 반드시 끓는 물에 완전히 익힌 다음 껍데기(패각)로부터 속살을 분리해서 먹는 것이 가장 좋은 방법입니다.

최근에는 폐흡충 같은 기생충으로 인한 피해가 거의 없는 것으로 보입니다. 몇십 년 전만 해도 기생충으로 인한 감염률은 50%에 달했지만, 음식에 대한 안전성이 점점 높아지기 시작했고, 구충제가 널리 보급된 덕분입니다. 우리나라에서 기생충 조사를 했는데 2004년에는 3.8%인 180만 명만이, 2013년에는 2.6%인 130만 명이 기생충에 감염되었다는 결과가 나왔습니다. 과거의 50%에 비하면 정말 적은 수이고, 지금도 기생충 감염률이 꾸준히 감소하고 있다는 것을 알 수 있습니다.

다슬기 외에도 물속에 사는 또 다른 달팽이, 우렁이도 역시 기생충의 중간숙주입니다. 농약의 사용으로 수가 많이 줄었지만 최근 친환경 농법의 일환으로, 양식을 시작하면서 주로 논에 모습을 보이고 있습니다. 논농사에서 잡초는 가장 큰 골칫거리이고 제초제를 사용하면 엄청난 오염이 동반될 수 있지만, 우렁이를 사용하면 아무런 오염 없이 잡초를 쉽게 죽일 수 있기 때문입니다.

이앙법과 직파법

논농사를 할 때, 벼의 싹을 어느 정도 키운 다음 논에 옮겨 심는 농사방법을 이앙법이라 하고, 논에 씨앗을 바로 심는 것을 직파법이라고 부릅니다. 이앙법은 제초작업이 수월하고 수확량이 더 많다는 장점이 있으나, 관개시설이 없으면 가뭄에 취약하다는 단점이 있고, 직파법은 가뭄에는 강하다는 장점이 있으나 제초작업이 어렵고, 수확량이 작다는 단점이 있습니다.

논우렁이

우렁이는 아가미로 숨을 쉬기에 물속에만 있어 물에 있는 식물만 먹기 때문에 이앙법으로 모를 심으면 농작물 피해가 일어날 일도 없습니다. 생명력이 워낙 뛰어나 겨울이 되어 물이 완전히 말라버린다 하더라도 죽지 않고 견뎌내며 월동을 하고, 단백질 함량도 높아서 된장찌개에 넣거나 단순히 끓는 물에 삶아서 껍데기만 제거한 후 간단히 먹을 수도 있습니다.

우렁이를 먹을 때에는 간흡충에 의한 기생충 감염을 조심해야 합니다. 우리나라에 서식하는 우렁이들 중 쇠우렁이는 간흡충의 중간숙주로, 쇠우렁이가 서식하는 지역에 있는 민물고기의 회를 먹는 것도 위험합니다. 간흡충이 1차적으로 중간숙주인 쇠우렁이 안에서의 기생생활을 마치면, 2차적으로 붕어, 피라미, 참붕어 등 민물고기들을 중간숙주로 삼기 때문입니다.

만약 간흡충의 중간숙주인 쇠우렁이나 민물고기를 먹게 되면 소화액의 일종인 쓸개즙의 분비에 큰 영향을 미치거나, 간이 비정상으로 커지는

왕우렁이

간종대가 올 수 있고, 간의 해독작용이 약해지면서 부종이나 황달, 빈혈, 간경변에 걸릴 수도 있습니다. 간흡충은 일반 구충제로는 죽지 않기 때문에 다른 기생충들보다 더욱 위험합니다.

쇠우렁이가 있는 곳이든 없는 곳이든 민물고기의 회는 되도록 먹지 않고 굽거나 쪄서 먹는 것이 가장 좋은 방법입니다. 실제로 우리나라에서 기생충에 감염된 대부분의 사람들이 금강, 낙동강, 섬진강 등 강 인근에서 살고 있다는 말도 있습니다. 이는 강 유역에 사는 분들이 주로 강에서 민물고기를 즐겨 먹는 경우가 많기 때문에 발생하는 문제라는 것을 의미합니다. 주위에 민물고기 회를 즐겨 먹는 사람이 있다면 기생충 검사를 자주 받고, 증상이 발견된다면 방치하지 말고 조기치료를 받으시는 것이 좋습니다.

우리나라에 있는 다양한 종류의 우렁이들 중에서는 외국으로부터 도입된 외래종도 있는데, 사과달팽이 또는 왕우렁이라 불리는 생물입니다.

왕우렁이는 1983년경 충남의 한 농가가 정부승인을 받은 것을 시작으로 국내 외래종으로는 가장 늦게 식용 목적으로 처음 도입되었습니다. 현재 우리나라에 약 2종 정도의 왕우렁이 종이 있는 것으로 추측하고는 있지만, 자세한 연구는 이루어지지 않은 상황입니다.

비록 처음에는 식용 목적으로 도입되었지만, 90년대 초반부터는 친환경 농업을 목적으로 논농사의 잡초 제거를 위해 활용되기 시작했습니다. 우리나라에 있는 토종 우렁이보다는 왕우렁이가 크기도 더 크고 먹성도 좋아 더욱 빠른 시간에 많은 잡초를 없앨 수 있습니다. 현재 우리나라에서 우렁이 농법을 하고 있는 농가들을 보면, 대부분 토종 우렁이가 아닌 외국으로부터 도입한 왕우렁이를 사용하고 있는 상황입니다.

왕우렁이가 처음으로 농업에 사용되기 시작했을 때, 대부분의 학자들은 왕우렁이의 원산지가 열대지방이기 때문에 추운 겨울이 있는 우리나라에서는 월동을 못하고 죽게 될 거라고 예상했습니다. 그래서 농업에 피해를 끼치지는 않을 거라며 아무런 걱정을 하지 않았습니다.

하지만 우리나라에서 온도가 제일 따뜻한 제주도에서부터 시작해서 왕우렁이들은 죽지 않고 월동을 할 수 있을 정도로 적응하기 시작했습니다. 그 결과, 국내에서 월동을 할 수 있는 지역이 점점 경기도와 강원도를 포함한 중부지방까지 북상하게 됩니다. 국내 일부 지역에서는 이미 왕우렁이로 큰 피해를 받는 농가가 점점 늘어나고 있습니다. 겨울에 왕우렁이가 추위를 견디지 못해 죽으면 수의 조절이 가능해지기 때문에 농업에 효율적으로 사용할 수 있겠지만, 겨울에도 왕우렁이들이 죽지 않게 되면서 지속적으로 번식하여 엄청난 먹성으로 채소와 작물을 먹기 시작했습니다.

우리나라에서는 현재 왕우렁이를 이용한 우렁이 농법을 되도록 자제해 달라고 농가에 촉구하고 있습니다. 특히, 필리핀과 일본의 경우에는 논에 씨를 바로 뿌리는 직파법으로 논농사를 하는 농가가 많기 때문에 벼의 새순을 왕우렁이가 먹어 자라지 못하는 피해가 자주 발생하고 있는 상황입니다. 피해가 커지자 일본, 필리핀, 중국, 대만 등 일부 국가에서는 왕우렁이를 유해종으로 지정해서 왕우렁이를 양식하거나 논농사에 사용하는 것을 금지하고 있습니다.

외국산 왕우렁이가 아무리 먹성이 좋아 잡초를 잘 먹어 제초에 효과가 좋아 보였을지는 몰라도, 먹성은 덜하지만 우리나라에서 원래부터 살아왔던 토종 우렁이를 친환경 농법으로 사용했다면 더욱 좋았을 거라는 느낌이 듭니다. 외국의 생물들이 더 뛰어나 보일지라도 결국에는 우리에게 피해를 입혀서 유해종으로 지정될 것이고, 제일 소중한 생물들은 역시 본래 우리나라에 있었던 토종 생물들이라는 사실을 깨닫기 마련입니다.

26 최다 생존방법 보유자 물벼룩

최다 생존방법 보유자 바퀴벌레

- 다리근육이 발달되어 있어 이동속도가 최고 150km/h에 달한다.
- 더듬이가 발달되어 있어 다른 동물이나 천적의 움직임을 빠르게 감지하고 도망칠 수 있다.
- 반응속도가 사람보다 100배 이상 빠르다.
- 한번 교미한 암컷은 평생 임신이 가능하다.
- 알을 밴 암컷이 독을 먹고 죽으면 알은 죽지 않고 오히려 그 독에 내성을 갖고 태어난다.

지구에서 3억 5천 년을 군림해 온 바퀴벌레 못지않게
3천만 년을 살아온 물벼룩도 많은 생존방법을
가지고 있답니다.

리처드 도킨스가 주장한 이기적 유전자설의 주요 내용은 "모든 생명체는 살아있는 동안 자신의 유전자를 자손을 통해 최대한 많이 퍼뜨리려고 한다."는 것입니다. 이에 따라 많은 생물들은 배우자를 만나 짝짓기를 하

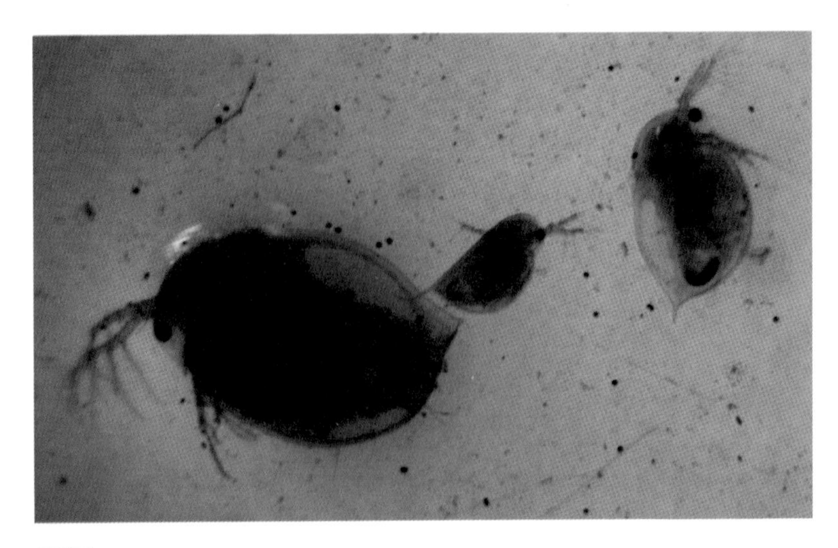

물벼룩

고자 하는 본능으로, 혹은 스스로 무성생식을 통해 많은 자손들을 만들어 냅니다. 지금은 아니더라도 훗날 자신이 번식 능력을 갖춘 성체가 될 때까지 살아남기 위해 각자 고유의 생존방법을 가지고 있습니다.

이렇게 다양한 생존 및 번식 방법을 갖춘 생물들 중에서 민물생태계의 허파라고 불리는 물벼룩은 지구에서 3억 5천 년을 살아온 바퀴벌레 못지않게 다양한 생존방법과 번식방법을 보유하고 있습니다. 육상에서 가장 많은 생존방법을 가진 생물이 바퀴벌레라면, 육수(민물)에서는 물벼룩이라고 할 수 있을 정도입니다.

또한, 물벼룩은 민물생태계에서 중요한 역할을 담당하는 중추종이기도 합니다. 여과섭식을 통해 식물 플랑크톤을 잡아먹기 때문입니다. 여기서 식물 플랑크톤이란 태양빛을 이용해 많은 에너지를 만들어 내는 광합성 생물을 의미합니다. 여름이 되면 태양빛이 더욱 강해지기 때문에 환경이 좋아져서 식물 플랑크톤의 수가 기하급수적으로 늘어나게 됩니다.

그 결과, 더욱 많은 식물 플랑크톤이 에너지를 만들어서 물속에 에너지를 함유한 영양물질이 과다 유입되는 결과를 초래할 수 있습니다. 그로 인해 영양물질 분해에 관여하는 미생물들이 급격히 증가하여 용존산소를 소비하면서 용존산소가 급격히 감소하는 부영양화 현상이 발생하고, 물의 색깔이 초록색으로 변하기도 합니다. 이때 물벼룩이 식물 플랑크톤을 잡아먹음으로써 식물 플랑크톤의 수와 영양물질의 조절과 물의 색을 맑게 해주는 데 크게 기여해 줍니다.

여과섭식(filter feeding)

포식자에 비해 상대적으로 큰 차이가 나는 작고 미세한 먹이들을 섬모, 아가미 등으로 물과 함께 흡수하여 물은 뱉어내고 먹이만 먹는 방식입니다. 여과섭식을 하는 생물은 대표적으로 물벼룩, 조개, 크릴새우가 있으며 고래도 마찬가지로 자신보다 크기가 현저히 작은 물고기들을 여과섭식을 통해 흡수합니다.
물벼룩은 동물 플랑크톤이기 때문에 식물 플랑크톤과 크기 차이가 나지 않는다고 생각하는 분들이 많은데, 식물 플랑크톤에 비해 몸길이가 200배 정도 더 커서 여과섭식이 가능합니다. 동물 플랑크톤은 원래 식물 플랑크톤을 잡아먹는 생물들을 의미합니다.

물벼룩이 여과섭식을 한다는 것보다 더 중요한 것은, 물벼룩이 많은 어류 치어들이나 작은 물고기들이 성장하기 위한 좋은 먹이가 되고, 민물에 서식하는 대부분 곤충들의 먹이라는 것입니다. 이것은 물벼룩이 사라지면 어류 치어들이나 약한 곤충들이 먹을 것이 부족해져서 많이 죽게 되고, 어류 치어나 약한 곤충을 잡아먹는 다른 육식동물들도 마찬가지로 먹이 부족으로 죽게 되어 생태계의 균형이 무너지게 된다는 것을 의미하기도 합니다. 물벼룩은 민물에 사는 동물들의 먹이가 됨으로써 식물 플랑크톤이 태양빛으로부터 흡수한 에너지가 물벼룩을 잡아먹는 수생 생물들에게 전달되도록 하는 중요한 역할을 담당하고 있습니다. 즉, 물벼룩은 먹는 입장에서도, 먹히는 입장에서도 생태계에 상당히 이로운 생물이라고 할 수 있습니다.

물벼룩은 자신을 잡아먹으려 하는 동물들에게 쉽게 먹이가 되어주지는 않습니다. 물벼룩은 놀라울 정도로 다양한 고유의 생존방법을 통해 종족을 유지하고, 자신을 보호합니다. 이제 물벼룩의 생존방법들에 대해 하나하나 알려드리고자 합니다.

인간이나 동물들은 대부분 암컷보다는 수컷의 비율이 조금 더 높지만, 물벼룩의 경우에는 수컷보다는 암컷의 비율이 비교할 수 없을 정도로 훨씬 높습니다. 암컷이 수컷과의 짝짓기 없이 자신과 유전자가 똑같은 암컷 새끼를 낳기 때문입니다. 이러한 방식의 번식을 무성생식이라고 하는데, 암컷과 수컷이 따로 만나 짝짓기를 할 시간도 필요 없으니 유성생식보다 더욱 빠르게 자신의 자손을 번식시킬 수 있습니다. 환경이 안정되어 있으면 무성생식만으로도 충분한 번식이 가능합니다.

무성생식은 수컷이 없이도 번식이 단조롭고 많은 시간이 필요 없다는 장점이 있으나, 자신을 낳아준 어미와 유전적으로 동일하여 자신의 새끼에게 유전적 다양성을 제공할 수 없다는 큰 단점이 있습니다. 반면, 유성생식은 암컷과 수컷이 만나 짝짓기를 해야 하는 번거로움이 있지만, 암컷과 수컷 각각 절반의 유전자를 새끼에게 전달해 주기 때문에 새끼에게 유전적 다양성을 제공해 줄 수 있다는 장점이 있습니다. 유성생식을 통해

유튜브 동영상 QR
Daphnia longispina(Water flea)
물벼룩이 여과섭식과 배설을 하는 동영상입니다. 2개의 알과 눈도 잘 보입니다

유전적 다양성(genetic diversity)의 중요성

유전적 다양성이란 같은 종 내에서 보이는 유전자의 다양성을 의미합니다. 우리 모두 같은 사람이라는 종이지만, 외모나 키에서 차이를 보이는 것이 유전자 다양성의 대표적인 예입니다. 이렇게 유전적 다양성이 중요한 이유는 종의 분화가 이어질 수 있고, 급격하게 변화하는 환경이나 갑작스럽게 퍼지게 된 질병에 대처할 수 있기 때문입니다.

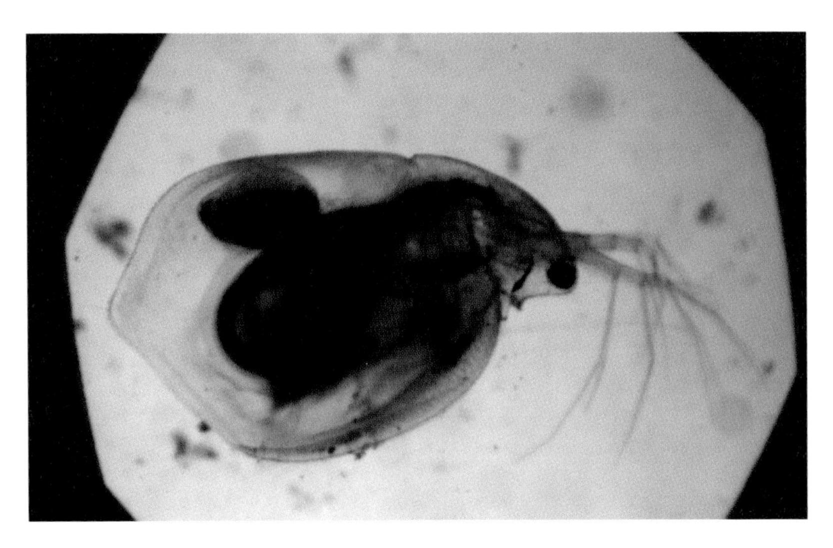

물벼룩의 무성생식

태어난 새끼는 유전자에 따라서 특정 질병이나 환경에 더욱 강할 수 있습니다.

이런 이유로, 물벼룩은 식물 플랑크톤이 적어 먹이가 줄어드는 겨울이 되거나, 수질이 악화되거나 혹은 여름에 물벼룩들이 엄청나게 증가하여 식물 플랑크톤의 감소로 생존의 어려움을 겪게 되면, 유성생식을 하게 됩니다. 하지만 유성생식을 하려면 수컷이 필요한데 물벼룩들이 그동안 무성생식을 통해 암컷의 수가 많아졌기 때문에 물벼룩들은 곤란한 상황에 놓이게 됩니다.

이에 대처하기 위해 물벼룩 암컷들은 무성생식을 통해 암컷보다 수컷을 더욱 많이 낳기 시작합니다. 그렇게 태어난 수컷들은 암컷과 짝짓기를 통해 유성생식란을 생성하고, 이것을 겨울알이라고 합니다. 겨울알은 단단한 껍질에 싸여 보호받으며 휴면 상태로 있다가, 포식자가 적고 환경이 안정된 봄에 부화하게 됩니다. 봄에 부화한 알들은 유전적으로 다양해져 있고, 작년에 유전적으로 생존에 어려움을 겪었던 개체들은 번식도 못한 채 죽었으니, 알에서 태어난 새끼들은 안정되고 강해져 있을 겁니다.

이러한 일이 가능한 이유는 물벼룩이 알에서 깨어나 유생을 거쳐 생식 가능한 성체가 되는 기간이 매우 짧기 때문입니다. 만약 수컷이 유생으로 지내는 기간이 길어진다면 많은 암컷들은 수컷을 많이 낳기 시작한 후 수컷과의 유성생식을 준비하는 사이에 열악한 환경을 견디지 못하고 죽게 될 겁니다. 유충으로 지내는 생활이 더욱 긴 사슴벌레나 장수풍뎅이와는 달리 지속적으로 변화하는 환경에 대처하기 위한 생존 전략이라고 할 수 있습니다.

물벼룩은 주변에 자신을 잡아먹는 포식자가 많을 경우 평상시보다 더욱 빨리 생식 가능한 성체가 되어 더 많은 양의 알을 품기도 합니다. 포식자들에게 많이 잡혀먹히게 되니, 무작정 많이 낳아서 종족을 유지하려는 겁니다. 이렇게 되면 물벼룩을 잡아먹는 포식자들이 경쟁하는 다른 포식자들 때문에 먹이가 줄어들게 되는 상황은 없어지게 됩니다. 이것은 물벼룩의 단순한 생존전략일 뿐 아니라, 포식자들이 먹이 부족으로 죽지 않게 함으로써 생태계 내에서 포식자들의 수를 균형 있게 조절해주는 것으로도 볼 수 있습니다.

물벼룩은 포식자로부터 자신이 먹히는 때에도 기지를 발휘합니다. 특히, 휴면 상태의 유성생식란은 색이 진해서 알을 품고 있는 물벼룩 암컷이 포식자들 눈에 잘 띄기 때문에, 잡아먹히는 경우가 다른 물벼룩보다 많습니다. 그 이유는 유성생식란을 가진 물벼룩이 포식자에게 먹히면 유성생식란은 포식자의 몸속에서 소화되지 않고 배설되어 부화할 수 있기 때문입니다. 자신을 희생시켜 자손을 다른 곳에도 널리 퍼뜨려 번성시키

기 위함이라고 할 수 있습니다. 유성생식란을 가진 암컷이 물고기에게 먹혀 뱃속으로 들어가게 되면 그 사이 물고기는 이곳저곳을 이동할 테고, 암컷이 품었던 알이 배설되어 부화하게 될 겁니다.

물벼룩은 무리를 지어 다니는 경우가 많은데, 이것도 생존전략입니다. 비록 먹이경쟁이 치열해질 수 있다는 큰 단점이 있긴 하지만 암컷과 수컷이 만나 번식하기에도 쉽고, 자신이 감지한 위험을 다른 개체에게 전달해 줄 수 있기 때문입니다. 또, 포식자에게 어떤 녀석을 잡아먹어야 할지에 대한 혼란을 주고, 집중력을 떨어뜨릴 수도 있습니다.

그 외에도 몸의 색이 투명해서 천적의 눈에 잘 띄기 힘든 점, 환경의 변화로 주위에 천적이 늘어날 때 꼬리와 머리에 있는 뿔이 길어지는 점 등 물벼룩의 생존전략은 많습니다. 어쩌면 아직 밝혀지지 않은 생존방법이 더 있을지도 모릅니다. 물벼룩 같은 미생물에 대한 연구는 지금도 꾸준히 진행되고 있으며, 최근에는 물벼룩의 배양이 쉽고, 환경 변화에 민감하게 반응한다는 장점을 활용해서 물의 오염도를 나타내는 지표생물로 사용되고 있다고 합니다.

게다가 물벼룩은 담수생태계에서 매우 중요한 위치에 자리하고 있기 때문에 많은 나라에서 활발한 연구가 이루어지고 있어, 물벼룩의 생활사나 독특한 특성들은 앞으로도 지속적으로 발표될 것입니다.

27 물 위에서 생활하는 새 오리

오리와 관련된 옛말들

- 물 만난 오리걸음 → 보기 흉하게 어기적거리며 급히 걸음
- 지절대기는 똥 본 오리 → 너무 시끄럽게 떠들며 말함.
- 낙동강 오리알 → 무리에서 떨어져 홀로 소외됨.
- 닭 먹고 오리발 내민다. → 나쁜 일을 하고 꾀로 속여 넘기려 함.
- 임신 중에 오리를 먹으면 아기 손이 붙어서 나온다.

부정적으로 표현된 오리와 관련된 옛말들!
오리는 과거에 과연 어떤 존재였을까요?

뒤뚱거리는 우스운 걸음걸이와 물갈퀴가 달린 특이한 발 모양 때문일까요? 납작한 부리 때문에 못 생겨 보이는 외모 때문일까요? 오리와 관련된 옛 격언들이나 속담들을 보면, 대부분 부정적이거나 우스꽝스럽게 표현되곤 합니다. 그리고 오리고기는 현재 현대인의 웰빙 식품으로 손꼽히

솟대

기도 하지만, 과거의 사람들은 오리고기를 잘 먹지도 않았다고 합니다. 이 전통이 지금까지 내려와서인지 사람들은 아직도 오리고기보다는 닭고기를 많이 먹고 있습니다.

오리는 예로부터 영혼의 신이나 농경의 신으로 숭배 받아왔던 동물이기도 합니다. 일부 오리종은 철새이기 때문에 겨울이 지나고 따뜻한 봄이 오면 날씨가 추운 북쪽으로 올라가게 되는데, 당시 사람들은 이 모습을 보고 오리가 인간의 세계와 신의 세계를 오간다고 생각했다고 합니다. 그래서 오리는 악령을 쫓아내고 죽은 사람을 저승으로 인도해 주는 신적 존재로 여겨져 왔기 때문에 종교의식을 치를 때나 장례식을 할 때 오리 모양의 토기를 사용했었습니다.

오리는 논농사를 지을 때 잡초나 벌레들을 잡아먹어 농사에 큰 피해를 입지 않도록 도와주었고, 비와 천둥을 지배하며 홍수와 화재를 막아준다는 믿음이 있었기 때문에, 농경의 신으로 추앙받아 솟대 위에 오리 모양의 조형물을 올려놓기도 했습니다. 쌀을 주식으로 삼았던 우리 민족에게는 논농사에 피해를 주는 잡초와 해충은 큰 골칫거리였고 적절한 비가 내려야 했으며, 화재의 발생으로 한 해 농사를 망칠 수도 있었기 때문에 오리는 과거 조상들에게 중요하게 부각되었던 신적 존재였습니다.

오리를 의미하는 한자 압(鴨)에서 첫 번째 또는 으뜸을 의미하는 갑(甲)자와 새를 의미하는 조(鳥)자가 합쳐졌다는 것만 봐도 예로부터, 오리가 다양한 종류의 새들 중에서도 으뜸인 새였다는 것을 알 수 있습니다.

최근에는 하천 주변에 생태공원을 조성하면서 도심지역에도 오리들을 쉽게 볼 수 있는 추세입니다. 우리나라에서 조성된 생태공원의 경우 다양한 종류의 생물들이 살 수 있는 환경을 조성하지 못하고 있어서, 도요류나 물떼새류와 그 외 다양한 종류의 생물들의 감소를 초래하고 있긴 하지만, 오리의 수는 오히려 늘어났습니다. 오리는 다른 새들과는 달리 대부분의 시간을 물 위에서 지내는데, 생태공원의 조성 과정에서 생겨난 인공호수나 연못이 오리에게 서식처를 제공했기 때문인 것으로 보입니다.

오리는 음식이나 보양식으로도 각광받고 있는 동물이기도 합니다. 우리나라에서는 과거에 오리고기를 잘 먹지 않았지만, 최근에는 최고의 영양식으로 그 수요도 점점 늘어나고 있다고 합니다. 오리고기는 성인병을 예방하는데 효과가 있는 알칼리성 식품으로, 불포화지방산이 많아 성장기 아동의 성장과 건강유지에 도움을 주고, 비타민도 닭보다 3배 이상 많다는 사실이 영양학적으로 밝혀졌기 때문입니다.

오리의 알도 달걀보다 불포화지방산과 비타민, 엽산, 그리고 칼슘이나 마그네슘 같은 무기질 성분도 많이 포함되어 있어 주목받고 있습니다. 달걀 알레르기가 있는 사람들에게 오리알을 먹이면 알레르기 반응을 덜 일으키기 때문에 많은 전문가들은 오리알이 달걀 알레르기 환자들을 위한 대체식품이 될 수 있다고 말하고 있습니다. 비록 아직까지는 오리알을 판매하는 곳을 보기 힘들지만, 어느 정도 시간이 지나 오리알의 상품가치가 알려지면 오리알을 판매하는 모습을 여기저기서 볼 수 있게 될지도 모르겠습니다.

그렇다면 '오리'는 정확히 어떤 종류의 새들을 총칭하는 말일까요? 오리란, 오리과에 속하는 기러기, 고니, 오리들 중에서 고니와 기러기 같은 대형 조류를 제외한 소형 조류들을 총칭하는 말입니다. 세계적으로 약 140종이 있으며, 우리나라에는 철새를 포함해서 약 27종이 분포합니다. 물갈퀴가 달려 있는 발 덕분에 물에 둥둥 떠다니며 헤엄칠 수 있고, 잠수해서 물속에 사는 생물들을 잡아먹을 수 있습니다. 부리가 납작하게 진화해서 잡아먹을 생물로부터 물을 거를 수 있고, 깃털이 방수가 되어 물이 깃털 안으로 스며들지 않아 차가운 물로부터 피부를 보호할 수 있습니다.

오리는 물 밖에서는 이동성이 매우 떨어지기 때문에 날고 있을 때를 제외하면 주로 물 위에서 대부분 생활을 합니다. 산란을 할 때만 육상으로 올라와서 강 주위의 덤불이나 갈대밭, 나무 밑동의 구멍 같은 곳에 둥지를 틀고 머뭅니다.

일부 오리 종들 중에서는 잠수도 못하고 주로 연못이나 호수 가장자리에만 머무르는 수면성 오리류도 있는데, 이 종들은 주로 얕은 물에서 작은 곤충이나 식물들만 먹습니다. 반면, 잠수가 가능한 잠수성 오리류들은 연못이나 호수의 밑바닥까지 내려가서 식물의 뿌리나 씨앗, 수서곤충, 조개류 등을 먹습니다.

우리나라에 서식하는 오리들 중에서는 겨울에 월동을 위해 잠시 우리나라에 내려오는 겨울새들도 있는데, 겨울새는 번식기가 되면 우리나라

가 아닌 북반구로 올라가서 번식을 하게 됩니다. 우리나라 같은 온대지방이나 열대지방에 서식하는 오리들은 텃새로서 평생을 한 지역에 머물며 월동도 하고 번식도 합니다.

오리 수컷은 산란기가 되면 깃털을 화려한 색으로 탈바꿈하고 암컷을 유혹하기 시작하고, 수컷이 암컷과 눈이 맞아 짝짓기를 하게 되면, 주변의 다른 오리들을 몰아내서 자리를 잡고 둥지를 틀게 됩니다. 일부 오리 암컷의 경우는 귀소본능 때문에 수컷과 함께 자신이 태어났던 곳으로 되돌아가 알을 낳는 경우도 많습니다. 암컷이 둥지를 틀면 알이 따뜻하게 잘 부화될 수 있도록 자신의 가슴털을 뽑아내 둥지에 깔아 두고, 그 위에 약 10개 정도의 알을 낳게 됩니다. 산란을 마친 암컷과 수컷은 약 한 달 동안 알을 품으며 새끼의 탄생을 기다립니다.

한 달이라는 시간이 지나고, 오리 새끼들이 알에서 깨어나면 매, 올빼미, 육식 물고기 같은 천적들 때문에 오리 어미는 더욱 분주해집니다. 어

새끼를 돌보고 있는 청둥오리 어미

미는 새끼들이 무리로부터 떨어지지 않도록 감시하며 한데 모아 놓기도 하고, 새끼들을 자신의 품에 넣으면서 돌봅니다. 만약 천적이 나타나면 자신의 새끼들을 빨리 숨게 한 다음 천적과 싸우기도 하고, 자신을 잡아먹어도 된다는 듯이 부상을 입은 척하며 천적의 시선을 자연스럽게 오리 새끼들에게서 멀어지게 하고 자신으로 옮기기도 합니다. 오리 어미의 모성애가 얼마나 강한지 알 수 있습니다.

이에 힘입어 오리 새끼들도 열심히 자라서 알에서 부화한 후 1~2일 만에 달리거나 헤엄칠 수 있게 되고, 한 달 정도 되면 깃털이 거의 자라서 하늘을 날 수 있게 됩니다. 이렇게 어미의 품에서 성장한 오리 새끼들은 나중에 어미가 자신들을 돌봤듯, 훗날 산란해서 새끼들을 낳아 돌보게 됩니다.

우리나라에 모습을 보이는 오리종 중에서 가장 유명한 종류는 바로 청

청둥오리 수컷

둥오리와 원앙이라고 할 수 있습니다. 청둥오리는 우리나라에 있는 겨울 철새의 대표적인 종으로, 서울 도심지의 청계천에서도 번식을 하는 등 호수나 연못, 하천이 있는 곳이라면 쉽게 볼 수 있습니다. 청둥오리는 식용으로 가축화된 집오리의 원종이기도 한데, 이미 세계적으로 고기의 맛을 향상시키거나 산란율을 높이는 등의 가금화가 활발하게 이루어지고 있습니다. 중국이 원산이고 영국과 미국에서 가금화되어 현재 우리나라를 포함, 전 세계적으로 가장 많이 먹는 집오리종 중 하나인 베이징종오리(피킨덕)도 청둥오리가 원종입니다.

안타깝게도 우리나라에 서식하는 토종 청둥오리의 경우는 품종개량이 거의 이루어지지 못했습니다. 우리나라의 토종오리는 크기가 작아 고기의 양이 적은 데다, 병아리의 가격도 매우 비싸기 때문입니다. 이런 사정으로 우리나라의 오리 농가에서는 대부분 영국과 미국에서 개량된 베이

원앙

징종오리(피킨덕)를 사용하고 있는 상황입니다. 우리나라의 토종오리가 식탁에 올라오려면 산란능력을 늘리고 체구의 크기를 크게 하는 방향으로 품종개량을 할 필요가 있다고 생각합니다.

우리나라에서 청둥오리 다음으로 잘 알려진 오리종인 원앙은 예로부터 부부금슬을 상징하는 새로 유명합니다. 원앙은 다른 새들과는 달리 일부일처제를 하며, 한번 부부가 되면 절대로 헤어지지 않고 금슬 좋게 살아간다고 알려져 있습니다. 그래서 전통 혼례식을 할 때나, 결혼식 기념선물을 줄 때 원앙 모양의 목각인형이 심심치 않게 등장하곤 합니다. 혼례를 마친 후 당사랑을 맹세하는 사랑의 증표인 혼수이불 '원앙금침'을 선물하는 분들도 많습니다.

원앙은 인적이 뜸한 한적한 곳을 선호하기 때문에 원앙을 발견하기란 매우 힘듭니다. 최근에는 그 수가 많이 줄어서 천연기념물로 지정하여 보호하고 있습니다.

원앙이 정말로 부부금슬이 좋은 새일까요? 한번 부부가 되면 절대로 헤어지지 않고 죽을 때까지 같이 살아갈까요? 그것은 틀린 말입니다. 원앙 부부로부터 나온 새끼들의 DNA를 잘 살펴보면 약 40%는 원앙 수컷과 서로 다른 DNA를 가지고 있다는 사실이 밝혀졌습니다. 원앙 암컷이 자신의 짝인 수컷과 함께 부부로 지내는 동안 다른 수컷과 바람을 피웠다는 것입니다. 보나마나 수컷도 자신의 짝과 마찬가지로 다른 암컷과 바람을 피웠다는 것은 말할 것도 없을 겁니다. 그리고 원앙은 산란기가 다시 찾아오면 기존의 짝을 버리고 새로운 짝을 찾는다고 합니다.

부부금슬의 상징으로 알려졌던 원앙이 알고 보니 바람 피우기의 진수이자 해마다 짝을 바꾸는, 다른 동물과 별다를 것 없는 생활을 하고 있었던 것입니다. 원앙의 부부금슬이 좋다는 말은 이제 옛말인 모양입니다. 과학이 종교만 위협하고 있는 줄 알았는데, 이제는 사람들 안에 자리 잡은 문화까지도 위협하고 있는 느낌이 들 정도입니다.

모든 동물들이 바람을 피우고, 일정 시간이 지나면 기존의 배우자를 버리고 새로운 배우자를 찾는 것은 어쩔 수 없는 본능인 것으로 보입니다. 자손에게 유전적 다양성을 제공해서 변화하는 환경에도 죽지 않을 적응력을 물려줄 필요가 있기 때문입니다. 유전적 다양성의 중요성은 닭의 사육 과정에서도 나타나는데, 조류독감이 닭의 사육장에서 순식간에 퍼져나가 한 마리도 빠짐없이 폐사하는 것도 유전적 다양성의 부족 때문입니다. 매우 오랜 기간 동안 알을 잘 낳거나 체구가 커서 많은 고기가 나오는 닭들끼리만 인위적으로 교배를 시키니, 유전적 다양성이 부족해지고, 조류독감 같은 특정 전염병에 강한 유전자를 보유한 닭이 나올 수 없는 겁니다.

이처럼 모든 생물들이 종족유지라는 궁극적인 목표를 위해 여러 종들과 짝짓기를 하려고 하고, 유전적 다양성이 부족해지면 환경의 변화나 질병으로 인해 완전히 절멸하게 될 수도 있는데, 오직 사람만이 이러한 본능이 없다고 할 수는 없을 겁니다. 사람도 결국엔 이성적인 존재이기 이전에 생물일 뿐이고, 동물일 뿐입니다.

28 동물의 피를 먹으며 사는 거머리

흡혈동물이란?

다른 동물을 숙주로 삼아 피를 빨아먹고 피를 영양분으로 삼는 생물들을 말합니다. 벼룩, 흡혈박쥐, 칠성장어, 거머리가 대표적인 흡혈동물이며, 간혹 모기나 작은소참진드기 같은 곤충의 경우 여러 동물들의 피를 빨아먹는 과정에서 병원체가 옮겨져서 숙주를 병에 감염시키기도 합니다.

흡혈동물의 대표주자 거머리에 대해 알아봅시다.

저는 장화 없이 맨발이나 샌들, 슬리퍼를 신고 논물이나 농수로에 들어가는 것을 꺼렸던 것으로 기억합니다. 사람들의 피를 빨아먹기로 유명한 거머리의 존재에 대해 너무 일찍 알아버렸기 때문입니다. 아무래도 어릴 적 동심의 세계에 살았던 저는 거머리를 무서운 흡혈동물로 인식하며 많이 무서워했던 모양입니다.

그래서 논물이나 농수로에서 생물들을 잡으려고 할 때 꼭 장화를 신고 발을 물에 담갔습니다. 간혹 샌들을 신고 논두렁을 걷다가 실수로 발이

거머리의 한 종

물에 빠지면 거머리가 제일 먼저 생각났을 정도여서, 재빨리 발을 물에서 뺐습니다. 스타킹을 신으면 거머리를 예방할 수 있다고 들은 적이 있었던 것 같은데 그때 당시에는 너무 어려서 스타킹을 신을 수 없었던 데다가, 부끄럽기도 해서 신지 않았습니다.

이렇게 거머리를 항상 조심했기 때문에, 태어나서 단 한 번도 거머리에 물렸던 적이 없었습니다. 제가 거머리를 무서워하던 때 거머리에 단 한번이라도 물린 적이 있다면 눈물을 질질 흘리며 기겁해서 거머리를 떼려고 난리법석을 쳤을 테고, 어쩌면 그것이 그때를 떠올리며 절로 웃음 짓게 하는 추억이 되었을지도 모를 일입니다.

거머리를 무서워했던 이야기에서도 알 수 있듯이, 대부분의 사람들은 '거머리' 하면 부정적인 이미지부터 떠올립니다. 거머리라는 말이 인용된 문구도 부정적으로 표현되는 것이 대부분으로, '찰거머리'라는 말도 다른 사람들을 졸졸 쫓아다니거나 찰싹 붙어서 괴롭히는 사람들을 의미합니다. 또, 다른 사람들에게 피해를 주는 사람들을 '거머리 같은 인간'으로 표현하기도 합니다.

거머리는 한 번 피를 빨기 시작하면 자기 몸의 10배 이상 커지기 때문에 성서 잠언에는 "거머리에게는 달라고 보채는 딸이 둘, 아무리 먹어도 배부른 줄 모르는 것이 셋, '족하다' 할 줄 모르는 것이 넷 있으니, 곧 지옥과 애기 못 낳는 모태와 물로 채울 수 없는 땅과 '족하다' 할 줄 모르는 불이다."라는 말도 있어서 탐욕스러운 인간을 거머리에 비유하기도 하였습니다.

거머리는 사람들에게 부정적인 존재이기 이전에, 사람들로부터 큰 피해를 받은 생물 중에 한 종입니다. 우리나라에서 거머리는 농약, 축산분뇨 등이 가장 많이 방류되는 논이나 농수로에 대부분 서식하고 있기 때문입니다. 실제로 인공 제초제와 살충제, 축산분뇨, 화학비료가 소량만 서식지에 방류되어도 많은 수의 거머리를 죽음에 이르게 할 수 있다는 연구결과도 있습니다.

그래도 다행인 것은, 최근에 이러한 연구결과들을 잘 반영해서 거머리가 자연적으로도 증식할 수 있도록 힘쓰고 있고, 유기농과 친환경 농법이 각광받게 되면서 다시 그 수가 천천히 늘어나고 있다고 합니다. 거머리를 싫어하는 분들은 그리 달가운 소식으로는 들리지 않을 수도 있겠지만, 거머리는 다양한 종류의 육식 수서곤충이나 도롱뇽, 개구리들의 먹이가 되기 때문에 생태적으로 꽤 중요하다고 할 수 있습니다.

모든 거머리종이 피를 빨면서 살아가는 종은 아닙니다. 지렁이나 우렁이 같은 연체동물이나 수서곤충, 갑각류 같이 약한 생물들을 잡아먹는 종도 있고, 부패한 영양물질들을 먹으며 살아가는 종도 있습니다. 영양물질을 먹으며 살아가는 거머리들도 많은 분들이 징그러운 존재로 인식하는 경우가 대부분이지만, 알고 보면 깨끗한 수질을 유지해 주는 민물생태계의 청소부들입니다.

징그럽게 생긴 외모에 피를 빠는 특성을 가진 거머리들은 아무리 생태계에 유익하다고 해도 사람들이 꺼릴 수밖에 없을 겁니다. 그래도 거머리들이 민물고기들에게 가하는 고통에 비하면, 사람들이 거머리에 물리는 고통은 아무것도 아닌 것으로 보입니다. 민물고기들은 사람에 비하면 몸집이 매우 작기 때문에, 거머리에게 물리는 고통은 사람의 몇 배라는 사실은 말할 것도 없을 겁니다.

민물고기가 거머리에 물리게 되면 신체 크기에 비해 너무 많은 피가 빨려서 색이 창백하게 변하고, 빈혈 증세가 발생하는 경우가 대부분입니다. 심지어 거머리가 피를 빤 자리에는 큰 상처가 남아 그 자리에 세균감염이 일어나서 죽기도 합니다. 민물고기의 아가미뚜껑에 거머리가 붙게 되면 아가미의 기관들은 순식간에 손상되며, 거머리의 몸이 점점 부풀어 오르면 부풀어 오른 만큼 민물고기의 아가미가 벌어져서 호흡을 못하게 됩니다. 비록 우리나라에서 다른 동물들의 피를 빨며 서식하는 거머리는 크기가 2~3cm에 불과한 작은 생물이지만 민물고기들에게 무서운 존재임은 분명합니다.

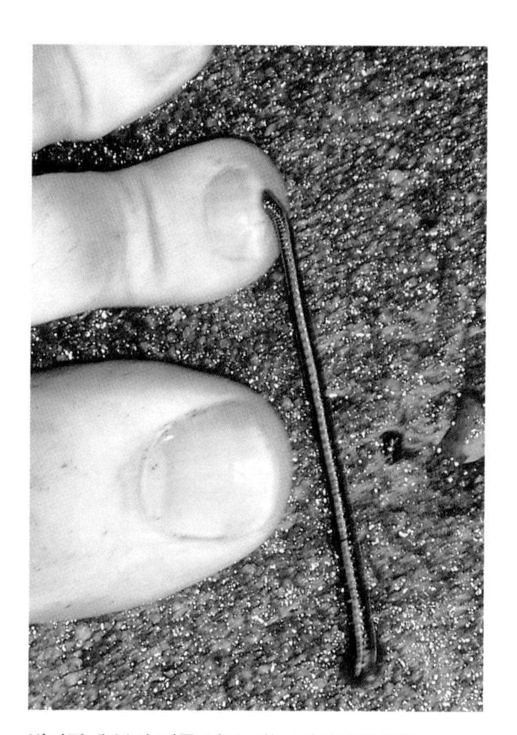

발가락에 붙어 피를 빨고 있는 거머리의 일종

민물고기들이랑은 달리, 사람이 거머리에게 물렸을 경우 피가 조금 빨리는 경우를 제외하면 신체적 피해가 가해지지도 않으며, 큰 상처 없이 쉽게 뗄 수 있습니다. 대부분의 사람들은 거머리에 물렸을 때의 대처법을 몰라 더욱 큰 상처를 남기게 되는 경우가 많습니다. 거머리가 피부에 붙으면 미끈미끈한 물체가 붙은 것이 딱 느껴지게 되는데, 거머리에게 처음 물려 본 사람들은 너무 놀라 어찌할 바를 모르기 때문에 피부에 붙은 거머리를 손으로 무작정 잡아당기게 됩니다. 그렇게 되면 거머리가 물고 있는 살점이 모조리 뜯겨져 나가서 상처가 오히려 크게 벌어집니다.

그러므로 거머리에게 물렸을 경우 무작정 떼려 들지 말고, 물린 사람을 빨리 안정시키는 것이 우선입니다. 다행히도 거머리는 피를 빨면서 에너스세틱(마취제)을 분비하여 숙주에게 고통을 느끼지 못하게 하기 때문에, 환자의 눈을 가려서 쉽게 안정시킬 수 있습니다. 그 후에 피부에 붙은 거머리의 빨판 부분을 살살 쓰다듬어 천천히 떼거나, 거머리를 라이터 불로 지지거나 소금물, 식초를 부으면 됩니다.

거머리에게 물린 뒤에 피가 멈추지 않고 계속 흐르게 되는데, 거머리가 사람의 피를 빠는 과정에서 피가 응고되지 않도록 하는 항응고 물질인 '히루딘'을 분비하기 때문입니다. 히루딘은 또 다른 항응고 물질인 헤파린과 함께 매우 오래 전부터 피가 응고되어 혈관을 막는 질병의 일종인 혈전증을 치료하는 데에 꾸준히 쓰여 온 물질입니다. 뿐만 아니라, 혈관조직을 재생하거나 혈액순환을 촉진시키는 데에도 관여한다고 합니다. 몇십 년 전부터는 유전자 재조합으로 히루딘을 대량생산할 수 있게 되면서 혈관조직을 재생하거나, 혈전증을 예방 및 치료하고 혈액응고를 방지하는데 유용하게 쓰이고 있습니다.

거머리에 물렸다고 해서 무작정 거머리를 자신의 피를 축낸 나쁜 존재

유전자 재조합

특정 물질을 분비하는 데에 관여하는 생물의 DNA를 떼어내 다른 생물의 DNA에 결합하는 생명공학 기술을 말합니다. 유전자 재조합 기술을 활용한 대표적인 예가 바로 체내 혈당량을 낮춰주는 호르몬의 일종인 인슐린의 대량생산입니다. 인슐린 생산에 관여하는 인간의 DNA를 대장균의 DNA의 일종인 플라스미드에 결합해서, 대장균이 인슐린을 생산할 수 있는 능력을 갖출 수 있도록 하는 것입니다. 그 다음 인슐린을 생산할 수 있는 능력을 갖추게 된 대장균을 대량으로 번식시키면 순식간에 엄청난 양의 인슐린을 생산할 수 있습니다. 이렇게 유전자 재조합 기술이 발달한 덕분에 당뇨병 환자들이 대량생산된 인슐린을 값싸게 구해서 체내 혈당량을 인위로 낮추는 것이 가능해졌습니다.

로만 생각하지는 않았으면 좋겠습니다. 거머리는 피부에 붙어 피를 빨아먹기 시작하면 히루딘 외에 생리활성과 원활한 혈액순환에 도움을 주는 60종류의 화학물질을 분비한다고 합니다. 이런 이유에서인지 거머리는 국내외에서 매우 오래 전부터 다양한 치료에 활용되어 왔다고 합니다. 최근에도 거머리에 대한 의학 연구가 꾸준히 이루어지고 있고, 다양한 치료에도 활용되고 있는 추세입니다.

우리나라의 문헌 중에서 허준이 집필한 의학서적인 『동의보감』을 살펴봐도 기침법(거머리 침법)이라고 하여 거머리를 이용한 피맺힘 현상이나 적취현상(배나 가슴에 덩어리가 생김), 고름, 종기를 치료하는 법이 기재되어 있습니다. 우리나라에서 방영된 드라마 『허준』에서도 선조의 넷째 아들인 신성군이 창병(피부병)을 앓자 거머리를 이용해서 창병을 치료하는 장면이 나오기도 했습니다.

서양에서는 의학의 아버지인 히포크라테스가 거머리를 이용해서 사혈(피가 흐르지 못하고 괴어 있는 것)이나 울혈(정맥에 이물질이나 굳은 피가 생김)을 치료하는데 사용했다는 기록도 있습니다. 중세시대에는 성직자들이 거머리를 이용해서 다양한 질병을, 심지어는 정신질환까지 치료하는데 활용했다고 합니다. 종교의 힘이 강했던 중세시대였고, 피는 성서에서 생명으로 기록

의료용거머리 히루도 메디키날리스

피를 빨아 통통해진 히루도 메디키날리스

되어 있었기에 당시 교회는 사람들에게 거머리 치료를 금기시했지만, 거머리 치료법이 너무 유행하다 보니 프랑스에서는 거머리의 수가 너무 줄어서 거머리를 잡는 것을 금지시켰을 정도였다고 전해집니다.

20세기에 이르러 아스피린이나 항생제 같은 약품이 개발되고, 의학이 점점 발달하면서 거머리 치료법은 점점 영향력을 잃어 갔고 단순한 민간

요법으로만 취급받기 시작했습니다. 그러면서도 1941년에 독일의 독재자 아돌프 히틀러의 이명을 치료하는 데에 거머리가 사용되었고, 1953년 스탈린이 뇌출혈로 쓰러지자 거머리를 이용해서 치료하려 했다는 기록이 있습니다.

거머리 치료법은 최근에도 각광받고 있습니다. 성형수술이나 접합수술 같은 외과수술을 하는 과정에서 정맥의 피가 응고되어 혈관이 막히는 것을 방지하기 위해 거머리가 사용되고 있습니다. 근대에 거머리 치료법이 의학의 발전에 의해 잠시 주춤하다가, 현대사회에서 거머리 치료법이 다시 주목받기 시작한 것은 1985년에 보스턴 아동병원에서 귀가 잘려나간 아이를 거머리를 이용해서 접합수술에 성공한 이후였습니다.

이 사건 이후 유럽이나 미국의 의사들은 거머리 치료법을 연구하기 시작했습니다. 거머리의 연구가 꾸준히 진행된 덕분에, 2004년에는 미국

FDA(미국식품의약국)에서 영국산 거머리인 '히루도 메디키날리스'의 의학적인 효능을 국제적으로 인증했습니다.

유튜브 동영상 QR
Therapy with leeches
피부병 환자를 치료하기 위해 히루도 메디키날리스가 활용되고 있는 동영상입니다.

거머리의 효능은 아직까지도 활발한 연구가 진행되고 있으며, 거머리가 피를 빠는 과정에서 분비되는 60가지에 이르는 다양한 물질들이 사람들에게 미치는 영향을 연구하거나, 거머리를 분말화한 약이 꾸준히 개발되고 있습니다. 혈관 치료부터 시작해서 뇌경색, 호흡기 질환, 당뇨병의 치료에도 거머리 치료법이 임상실험에서 성공한 사례도 많이 있습니다.

거머리 치료법이 점점 활성화됨에 따라 이에 따른 부작용도 발생된 사례도 있습니다. 거머리 치료법을 받은 어떤 환자는 거머리가 피를 너무 많이 빨았는지 빈혈이 와서 수혈을 받기도 했고, 거머리에 기생하는 기생충에 감염되어 환자의 혈관조직이 손상된 적도 있다고 합니다. 이런 부작용들을 방지할 수 있는 방법은 곧 연구될 수 있을 거라 봅니다.

거머리의 의학적 효능이 점차 발견되고 있는 현재 시점에서 거머리가 한낱 미물에 불과하며, 피나 축내는 징그러운 존재라는 말은 이제 옛말인 듯싶습니다. 아직 의학적으로 인증된 거머리는 영국의 히루도 메디키날리스뿐이고 가격도 매우 비싸지만, 거머리가 대량생산이 되어 가격이 내려가고 다양한 종류의 거머리들의 의학적인 효능이 밝혀진다면, 거머리만을 전문적으로 취급하는 병원이 생겨날지도 모를 일입니다.

29 뇌신경을 조종하는 기생충 연가시

숙주를 조종하는 기생충 톡소포자충

톡소포자충은 고양이의 몸속에서 기생하며 생식까지 하는 기생충입니다. 생식을 통해 알이 외부로 나오고, 이 알을 다른 동물들이 먹으면 그 동물은 감염됩니다. 만약 고양이의 천적인 쥐가 감염되면 톡소포자충은 쥐의 뇌를 조종해서 고양이의 대한 두려움을 덜하게 한다고 합니다. 그래야 쥐가 고양이에게 먹혀서 톡소포자충이 생식을 할 수 있는 고양이의 체내로 이동할 수 있기 때문입니다.

톡소포자충이 무섭다고요?
연가시보다는 훨씬 나을 거라구요!

2010년에 '곱등이'라는 곤충이 유명해졌던 적이 있습니다. 당시 덥고 습한 날씨 때문에 곱등이의 숫자가 급증하고 곱등이를 목격한 사람들이 많아졌습니다. 귀뚜라미와 워낙 비슷하게 생겨서 혼동하는 사람들도 많았지만, 귀뚜라미라고 생각했던 곤충이 곱등이라는 사실을 알게 되자 많은 사람들은 경악을 금치 못하게 됩니다.

급기야 곱등이가 포털사이트 실시간 급상승 검색어 1위를 하고, 언론에서 기사화되면서 순식간에 많은 사람들에게 알려지기에 이르렀습니다. 곱등이가 기생충의 일종인 연가시의 숙주로 알려지면서 연가시도 덩달아 유명해졌고, 연가시 역시 포털사이트에서 실시간 급상승 검색어 1위가 되었습니다. 연가시가 기생충으로서 사람들에게 알려진 것은 이때부터였던 것으로 보입니다.

2012년에는 '연가시'라는 이름의 영화가 방영되면서, 연가시는 인간을 죽음에 이르게 할 수도 있는 무서운 살인 기생충으로 많은 사람들의 오해를 사기도 했습니다. 곱등이 사건으로 연가시가 많은 사람들에게 알려진 이후에 방영된 영화이기 때문인지는 모르겠지만, 영화는 관객 수 450만 명을 돌파하고 2012년에 방영되었던 전체 영화들 중에서도 흥행순위 10위를 달성하며 많은 인기를 끌기도 했었습니다.

하지만 연가시는 사람들에게는 전혀 해를 끼치지 않는 기생충입니다. 영화 '연가시''에서는 항문이나 입을 통해 연가시가 사람의 몸속으로 들어가 기생하게 되는 장면이 나오기는 하나, 영화에 나온 연가시는 사람의 몸속에서도 기생할 수 있는 '변종' 연가시였습니다. 원래 연가시는 사마귀나 메뚜기 같은 곤충의 몸속에서만 기생할 수 있으며, 만약 사람의 몸속으로 연가시가 들어가면 소화액에 의해 분해되어 영양소가 될 겁니다. 사람 몸속에서 기생하는 간흡충이나 폐흡충 같은 기생충들의 경우에는

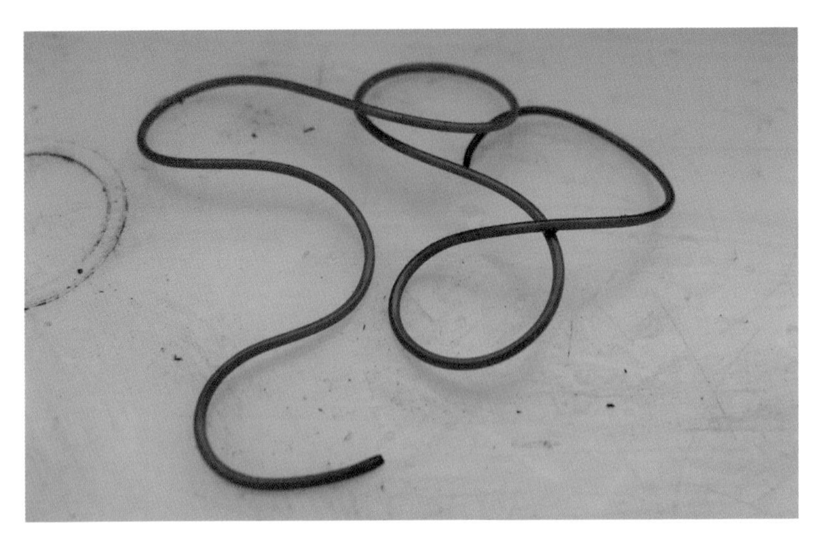

연가시

강한 산성의 위액이나 그 외 소화액으로부터 보호받을 수 있는 보호막이나 점막이 있지만, 연가시는 그렇지 못하다는 겁니다.

아무래도 연가시는 곤충의 몸속에서만 기생할 수 있는 방향으로 진화한 것으로 보이는 것이, 연가시는 곤충 외의 생물 몸속에서는 기생하지 못합니다. 연가시의 유충은 민물 속에서 살면서 자신이 잡아먹히기를 기다리는데, 만약 물고기나 개구리, 도롱뇽 같은 척추동물의 몸속으로 들어가게 되면 기생충으로서의 삶을 살아보기도 전에 소화액에 의해 분해되어 죽어버립니다.

이처럼 연가시의 삶은 그리 순탄치 못합니다. 연가시의 암컷과 수컷이 물속에서 서로 짝짓기를 하고 나면 엄청난 양의 알을 낳는데, 이 알은 숙주로 자랄 수 없는 생물들에게 잡아먹히거나 그냥 죽는 경우가 대부분입니다. 운 좋게 하루살이, 잠자리, 모기 등의 곤충 유충에게 잡아먹혀야 기생충으로서의 첫 발걸음을 내딛을 수 있습니다.

연가시 유충의 숙주가 된 하루살이, 잠자리, 모기 유충이 다른 물고기나 개구리, 도롱뇽에게 잡아먹혀도 연가시의 기생생활은 여기서 끝입니다. 연가시 유충이 생존할 수 있는 유일한 길은 숙주가 된 곤충 유충들이 변태를 해서 성충으로 성장하고, 이 성충은 또 사마귀, 여치 같은 육식곤충들에게 잡아먹혀서 연가시가 사마귀나 여치에게로 옮겨지는 것입니다. 연가시가 사마귀, 여치 등의 생물들에게 기생해서 번식까지 하려면 성공 확률이 매우 낮은 생존게임을 거쳐야 합니다. 연가시의 번식력이 매우 높은 이유를 알 수 있습니다.

그래서 연가시가 발견되는 육상곤충들은 육식곤충인 경우가 대부분입니다. 연가시의 1차적인 중간숙주인 하루살이, 잠자리, 모기가 물에서 살다 성충이 되면 육식곤충의 먹이가 되기 때문에 주로 썩은 곤충의 시체나 썩은 부식물질을 주로 먹고 사는 잡식성 곤충 곱등이보다는 사나운 육식곤충인 사마귀나 여치, 딱정벌레들에게 연가시가 더 흔하게 발견됩니다. 곱등이가 곤충의 시체를 먹는다고 해도, 곤충 시체 안의 연가시는 물과 영양분을 장기간동안 공급받지 못해 이미 죽었을 겁니다.

그러므로 많은 사람들은 곱등이가 연가시에 감염되어 있다고 착각하는 경우가 많기는 하나, 이는 완전히 잘못 알려진 사실이라는 것을 알 수 있습니다. 연가시라는 이름도 사마귀의 옛말인 '어영가시'로부터 유래한 것이라고 추정되는데, 이는 사마귀처럼 날것을 잡아먹는 사나운 육식곤충일수록 연가시가 발견될 확률이 높다는 사실을 뒷받침해 줍니다. 연가시라는 이름이 '어영가시'로부터 유래한 게 확실히 맞다면, 사마귀에게 연가시가 제일 많이 발견되므로 연가시라는 이름을 갖게 되었을 겁니다.

아무튼, 사마귀나 여치 등의 육식곤충의 몸속에서 완벽히 자리를 잡고 기생하게 된 연가시는 숙주가 제공해주는 영양분을 먹으며 성장하기 시

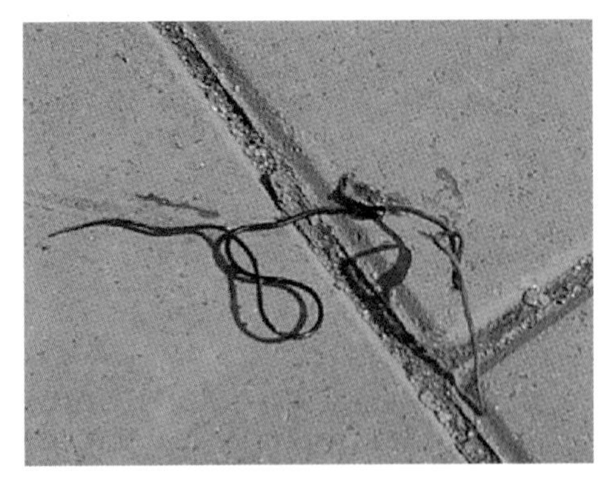

물로 들어가지 못해 죽어가는 연가시 성충

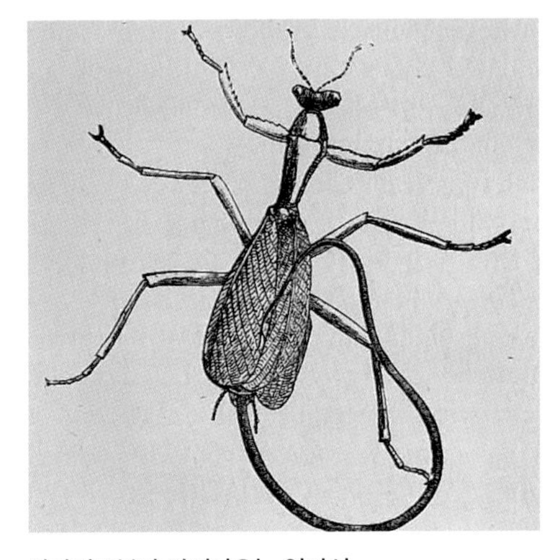

사마귀로부터 빠져나오는 연가시

작합니다. 짧으면 10cm, 길면 최대 1m까지 길게 자라는데 이렇게 계속 성장하면서 결국 숙주 몸의 대부분을 차지하게 됩니다. 연가시는 원래 물에서 사는 생물이므로 충분한 물을 공급받을 수 있도록 숙주의 뇌신경을 조종하여 더욱 심한 갈증을 일으키는데, 이게 바로 갈증설입니다.

결국 극심한 갈증을 일으키게 된 숙주는 물가로 뛰어 들어갑니다. 자신의 숙주가 물에 있다는 것을 감지한 연가시는 항문을 통해 숙주로부터 빠져나와 물속으로 들어가게 됩니다. 많은 영양분을 섭취해서 숙주 몸의 대부분을 차지했던 연가시가 빠져나갔으니 숙주는 신체적으로 큰 충격을 받아 곧 목숨을 잃게 됩니다. 천적도 거의 없어 곤충의 제왕이라고 불리는 사마귀가 연가시에게는 영양분 공급원이자, 자신을 물로 옮겨 주는 매개체에 불과한 모양입니다.

숙주에 의해 성장하고, 결국엔 물속으로 들어가게 된 연가시 성충은 이제 이성의 짝과 짝짓기를 합니다. 짝짓기를 마치고 알을 낳게 된 연가시 성충들은 곧 목숨을 잃게 됩니다. 성충이 낳은 알들은 자신의 부모가 겪었던 일들을 그대로 겪고, 생존게임에서 승리한 연가시만이 다시 물속으로 돌아와 번식을 하게 됩니다.

유튜브 동영상 QR
A warm coming out of a cricket
물속으로 들어간 귀뚜라미에서 연가시가 밖으로 빠져나오는 장면이 나옵니다.

연가시가 사람들에게 해를 가하지 않는다는 사실은 맞다 쳐도, 최대 1m에 달하는 거대한 길이의 연가시가 관광지로 잘 알려져 있는 계곡이나 하천에 발견된다면 사람들은 경악을 금치 않을 수 없을 겁니다. 그래서 영화가 방영된 이후로 계곡 여행을 꺼리는 분도 많이 계시는 것으로 보입니다.

이것에 대해서는 전혀 걱정할 필요가 없다고 봅니다. 연가시가 최대 1m 길이의 성충이 되어 물속에서 머무는 시간은 그리 길지 않습니다. 숙주로부터 빠져나와 물속에서 들어가게 된 연가시 성충은 짝짓기를 하고 알을 낳은 후 곧바로 죽는다는 말을 앞에서 이미 한 바 있습니다. 그러므로 계곡이나 하천에서 거대한 크기의 연가시 성충을 보게 될 확률은 매우 희박합니다.

저 역시 연가시 성충은 계곡에서 단 한 번도 본 적이 없습니다. 연가시가 한창 유명해졌을 때 연가시의 대표적인 숙주인 사마귀를 몇 마리 잡아 본적이 있는데, 연가시는 단 한 마리도 발견하지 못했습니다. 연가시는 세계적으로도 연구하고 있는 학자가 거의 없고, 생활사까지 완벽하게 밝혀지지 못한 미스테리 생물이기에 확답을 드릴 수는 없으나, 세계적으로 그리 많이 분포하지는 않은 것 같습니다.

그렇다 해도 갑자기 변종 연가시가 나타나서 사람 몸속에서 기생하게 될지도 모른다며 걱정하는 사람들이 있을 겁니다. 변종 연가시에 대해서는 전혀 걱정할 필요가 없다고 봅니다. 연가시는 사람 몸에 기생하는 간흡충이나 폐흡충과 같은 기생충의 일종입니다. 지금까지 간흡충이나 폐흡충 등의 변종이 생겨 사람의 목숨을 위협했던 사건은 한 번도 벌어지지 않았으며, 기생충의 변종은 그리 쉽게 생겨나는 것이 아닙니다.

연가시 유충들은 매우 오래 전부터 대부분 양서류나 어류 같은 척추동물에 잡아먹혀 희생되어 왔음에도 불구하고 척추동물들을 숙주로 삼을 수 있도록 진화하지는 못했습니다. 대신 최대한 많은 알을 낳아서 척추동물에게 잡아먹히더라도 소수가 곤충에게 먹혀 살아남는 방식으로, 종족을 번식하는 법을 택했으므로, 생명공학 기술의 발달이나 방사능 물질로 인위적인 돌연변이가 만들어지지 않는 한 사람을 숙주로 삼는 연가시가 생겨날 가능성은 매우 낮습니다.

설사 생명공학 기술이나 방사능 물질로 사람을 숙주로 삼는 연가시의 변종이나 돌연변이를 만들었다 해도 변종 연가시가 곤충의 뇌신경을 조종하듯 사람의 뇌신경을 잘 조종할 수 있을지도 의문입니다. 단순한 뇌신경 구조를 가진 곤충에 비해 매우 복잡하고 정교한 구조를 갖춘 사람의 뇌신경을 연가시가 조종해서 갈증을 일으켜 물에 빠뜨릴 수 있을까요?

영화에서는 사람 몸의 대부분을 차지하던 연가시가 빠져나가면서 전신쇠약(악액질)으로 쇼크사하는 장면이 나오는데, 연가시가 과연 곤충에 비해 몸집이 훨씬 큰 사람 몸의 대부분을 차지하는 것이 과연 가능할까요? 사람이 전신쇠약으로 사망한 것은 단지 극단적 전개를 위한 설정일 뿐이었다고 봅니다.

이처럼 기생충 변종 때문에 사람들이 죽게 되는 일은 거의 없고, 앞으로도 없을 확률이 높습니다. 우리가 앞으로 걱정해야 할 것은 기생충 변종이 아니라 미생물 변종입니다. 기생충으로 사람이 사망했던 사례는 그

리 많지 않지만, 바이러스나 세균 같은 미생물 때문에 사람이 사망했던 사례는 역사적으로 매우 많고, 사망자들의 수도 어마어마합니다.

대표적인 예로 1350년경 유럽 인구의 1/4을 죽음에 이르게 했던 흑사병도 페스트균에 의한 것이었고, 1920년경 5,000만 명의 목숨을 앗아간 스페인독감도 바이러스에 의한 것이었습니다. 1차 세계대전 당시 사망했던 사람들이 850만 명이었으니 정말 많은 사람들이 스페인독감으로 목숨을 잃었다는 것을 알 수 있습니다.

세균이나 바이러스 같은 미생물로부터 보호받을 수 있는 백신은 꾸준히 개발되고 있으나, 미생물은 변종을 너무나도 쉽게 만들어내기 때문에 항상 인류를 위협하고 있습니다. 2009년 변종 바이러스에 의해 생겨나 많은 사람들의 목숨을 앗아 갔던 신종플루가 대표적인 사례입니다. 그래서 인류 멸종 시나리오 중의 하나는 바이러스나 세균에 의해 생겨난 신종 질병 때문일 거라고 예상하고 있을 정도입니다.

우리가 앞으로 대비해야 할 것은 변종 연가시에 의한 기생충 감염이 아닙니다. 연가시와 비교할 수 없을 정도로 작긴 하지만, 훨씬 무서운 존재인 변종 미생물들이 바로 우리가 앞으로 대비해야 하고, 피해를 예방해야 할 것들입니다.

*사진 출처

- '수서곤충 완전정복'을 운영하시는 엔젤(정중민) 님 - 134쪽, 155쪽, 157쪽, 163쪽, 180쪽, 190쪽, 196쪽 등
- '마파람의 블로그'를 운영하시는 마파람 님 - 117쪽, 121쪽, 151쪽, 166쪽 등
- 만천곤충박물관 - 156쪽, 181쪽 아래, 187쪽 아래 등
- '마이크로 생명'을 운영하시는 강태윤 님 - 237쪽
- 유인근 님 - 70쪽 위
- '김여울의 잡다한 물생활'을 운영하시는 여울각시(김기은) 님 - 68쪽
- 인하대학교 김석현 님 - 87쪽
- 한국민물고기협회 - 100쪽
- 국가장기생태연구 - 130쪽 아래, 131쪽
- Dr. Peter Henderson, PISCES Conservation Ltd - 19쪽 위
- Raul Antonio 1942 - 20쪽
- Daniella Vereeken, Funfood, Bernard Ladenthin, Parostoteles, R.J. Blach - 27쪽, 31쪽
- ZooFari - 29쪽 아래
- Greg Hume - 40쪽 아래
- Haplochromis - 42쪽 위
- Giniro - 42쪽 아래, 59쪽
- Jtanganyika, Nikonian Novice - 36쪽 위, 아래
- ばぶじ, Steven G. Johnson - 49쪽
- Agencia de Noticias do Acre - 54쪽
- DoNotLick - 60쪽 아래
- Jwojna1 - 96쪽
- opencage - 97쪽
- Hcrepin - 184쪽
- KENPEI - 187쪽 위, 230쪽
- Jacob Enos - 195쪽
- Zorba the Geek - 205쪽
- Eduard Sola - 209쪽
- Momotarou2012 - 221쪽 위
- H. Krisp, GlebK -257쪽
- Esv-Eduard Sola Vazquez - 262쪽

이 책에 전체 사진 중 약 40%가 위에 분들이 제공해주신 사진입니다.
양질의 사진 자료를 제공해 주신 모든 저작권자 분들께 감사의 말씀을 드립니다.